数学的力量

[美] 弗朗西斯·苏（Francis Su）／著
沈吉儿　韩潇潇／译
郑瑄　潘涛／审校

MATHEMATICS FOR
HUMAN FLOURISHING

中信出版集团｜北京

图书在版编目（CIP）数据

数学的力量 / （美）弗朗西斯·苏著；沈吉儿，韩
潇潇译 . -- 北京：中信出版社，2022.6
书名原文：Mathematics for Human Flourishing
ISBN 978-7-5217-4314-2

Ⅰ . ①数… Ⅱ . ①弗… ②沈… ③韩… Ⅲ . ①数学－
普及读物 Ⅳ . ① O1-49

中国版本图书馆 CIP 数据核字 (2022) 第 068255 号

数学的力量
著者： 　[美] 弗朗西斯·苏
译者： 　沈吉儿　韩潇潇
出版发行：中信出版集团股份有限公司
　　　　　（北京市朝阳区惠新东街甲 4 号富盛大厦 2 座　邮编　100029）
承印者： 　北京盛通印刷股份有限公司

开本：787mm×1092mm 1/16　　　　印张：21.75　　字数：271 千字
版次：2022 年 6 月第 1 版　　　　　印次：2022 年 6 月第 1 次印刷
京权图字：01–2020–3532　　　　　 书号：ISBN 978–7–5217–4314–2
　　　　　　　　　　　　　　　定价：69.00 元

谨以此书

献给那些和克里斯托弗、西蒙娜

有着同样境遇的人

本书深受克里斯托弗的启发，特此致谢！

本书所获赞誉

用当下流行的说法，本书中"金句"很多，其中的观点触及数学的本质和人类个体的灵魂，不仅发人深省，而且可以改变我们对数学的看法，值得广大读者深入挖掘。

——人教 A 版《普通高中教科书·数学》主编，中国教育学会
中学数学教学专业委员会理事长　章建跃

是时候稍稍停下我们匆匆的脚步，从无尽的题海中解脱出来，想想我们的数学教育、我们的孩子。正像弗朗西斯·苏在书中所呼吁的，我们应该给数学一些自由：知识的自由、探索的自由、理解的自由、想象的自由。

——华东师范大学数学科学学院教授，全国义务教育《数学课程标准》和《高中数学课程标准》修订组成员　鲍建生

这本书很值得数学和数学教育工作者、特别是数学教师一读。作者从人类、人性、哲学、美与美德等广泛的视角阐述数学之于个人和人类社会的意义，富有启发性和独创性。这也是一本对丰富和反思当今数学教育的理论和实践非常有益的书。

——华东师范大学数学科学学院特聘教授，亚洲数学教育中心主任，浙教版义务教育教科书·数学主编　范良火

《数学的力量》让我重新审视了数学学习在我们个人和社会发展中的巨大作用，尤其是其中展示的数学的美德与美好，让我有种原来还可以这样看数学的感觉。诚挚地向大家推荐这本书，希望大家都可以爱上数学，并磨炼成为更好的人。

——新东方教育科技集团董事长　俞敏洪

这是一本阐明数学之于个体作为一个人的意义，以及如何让人生更为丰沛的书。作者希望将阅读此书作为一份邀请，来探讨如何以一种新的方式进行数学的想象和遐思。

——宁波大学教授，全国数学教育研究会副秘书长　邵光华

这是这个时代重要的一本博大精深的数学著作。全新角度的寓言、谜题、体验和思考展示了数学对正义、自由和爱等促进人类繁荣的美德的培养作用。

——浙江省杭州第二中学原校长，正高级数学特级教师　尚可

在教育面临重大变革的当今，非常愿意推荐这样一本通过数学探寻人类美德的心灵读本。它通过阐明数学之于个体的意义，帮助大家体会数学的宝贵，探索如何让更多人借助数学让人生更丰沛充实。让我们在充满挑战的环境中，也保持人格正直、心灵美好。

——清华大学附属中学副校长，中学数学特级教师　赵鸿雁

数学家弗朗西斯·苏认为：一个没有数学情感的社会，就像一个没有音乐会、公园或博物馆的城市。错过数学就意味着未曾经历人类那些美丽的思想。他相信：数学能让我们成为更好的人。

——澳门教业中学校长，中国教育学会小学专委会副理事长　贺诚

我被这本引人入胜、发人深省、沁人心脾的书给迷住了，尤其是每章最后那个激趣引智、蕴含洞见的谜题，令我欲罢不能！

——北京第二实验小学副校长，小学数学特级教师　华应龙

数学为何如此之神，如此之奇，如此之美，如此之妙？弗朗西斯·苏的这本著作以动人的故事，活泼的语言，有趣的分析给出了他的答案。更重要的是，这本书令人信服地告诉我们，学习数学可以让我们的人生更有意义，让我们的生命更为丰富，让我们能够成为更好的人。你不相信吗？那就请细细品味这本书，你会时时感受到惊喜和愉快，也会引起你的遐思和冥想。

——经济学家，大湾区金融研究院院长　向松祚

数学是人类对于大自然秩序的抽象精准表达，也是人类理性思考的基础。《数学的力量》一书更进一步把自然规律和人生哲学联系在一起，是一部引人入胜的佳作，很值得一读。

——上海高级金融学院副院长　朱宁

目录

一部可以改变人们对数学看法的书

章建跃

人教 A 版《普通高中教科书·数学》主编

中国教育学会中学数学教学专业委员会理事长

本书作者弗朗西斯·苏的父母都是华人，他在 2015 年成为美国数学协会（MAA）有史以来的首位非白人会长，是一位卓有成就的数学家。他在即将卸任 MAA 会长时发表了一场令人动容、引起轰动的告别演讲。他在演讲中将数学描述成通往人类繁荣的大道，认为对数学的探寻能满足人类的五种基本需求：游戏、美、真理、公正和爱，本书是在这个演讲的基础上拓展完成的。

对于这样一本出于一位有深厚数学造诣、对数学及数学教育的本质有深刻领悟的真正专家之手的书，"一本阐明数学之于个体作为一个人的意义，以及如何让人生更充盈的书"，一本被誉为能够改变大众对数学看法的书，我实在不敢说精通其要义。这里我只能把自己在一个多月的时间里利用碎片化时间仔细阅读、做了近两万字笔记并进行反复思考、咀嚼后的心得体会写出来，分享给广大读者。期待能抛砖引玉，引发广大读者更深入地思考、讨论数学与数学教育对于一个人到底意味着什么。

那么，数学对一个人的意义到底在哪里？一个等价的问题是数学到底有怎样的育人功能？与抽象地强调"数学在形成人的理性思维、科学精神和促进个人智力发展的过程中有着不可替代作用"不同，弗朗西斯认为应该从了解"数学是如何与人类心灵深处的渴望紧密相连的"入手去讨论数学是什么、为什么要学数学。弗朗西斯的答案是"数学促进人类的繁荣"，而"人类的繁荣"则指存在和行为相互统一，人人都能发挥自己的潜能并帮助他人实现潜能，有尊严地行事，并维护他人的尊严，即便在充满挑战的环境中，也保持正直的人格。如何实现人类的繁荣？弗朗西斯推崇亚里士多德的观点——繁荣来自美德的实践，并认为"正确的数学实践，可以培养出有助于人类繁荣的美德"。

那么，正确的数学实践培养了哪些有助于人类繁荣的美德呢？弗朗西斯在本书中给出了全面而深刻的阐述。下面结合其中的一些论述谈谈我的一些思考。

弗朗西斯认为，数学研究的核心意义在于探索和理解。探索是人类心灵深处的渴望，也是人类繁荣的标志。探索培养了想象力的美德，激发了创造力的美德，孕育出对迷人魅力的期待。理解是对事物意义的追求，它造就了重要的美德：第一，构建故事的美德（这里的"故事"某种意义上可以理解为背景、情景、关系、联系等等，通过"故事"把各种想法联系起来，实现数学的意义建构，将"故事"融入新知识而使知识具有生命力）；第二，抽象思维的美德（抽象，通过在两个具有类似结构或相似表现的事物之间建立联系而丰富事物的意义）；第三，对意义的追求产生了坚持和沉思的附加美德。他指出，辨明一个想法的意义需要持久思考，这是解决问题的艰苦工作，你必须坐下来专注于一个数学问题，并对其冥思苦想，这样你会形成思想的关联，并构建故事来解释你所看到的规律。弗朗西斯强调，适切的数学实践的核心是对意义的追求，如果你在努力中没有找到意义，你就不能在数学或人生中蓬勃发展。数学的意义远不止它的效用，而数学之美，正是通过我们从一个视角转向另一个视角，在反思一个思想的多重意义的过程中找到的。因此，弗朗西斯认为，"数学是规律的科学，也是赋予这些规律意义的艺术"。

探索和理解是正确的数学实践的核心。反观我们的数学课堂，可以发现，探索和理解沦为副歌，而记忆加模仿却成了主旋律。如何改变这种状况？弗朗西斯认为，成为一名数学探索者的唯一要求是拥有能够提出"为什么？怎么样？如果……那么……"之类问题的能力。只要有机会，我们就要反驳数学即记忆的观点，并用数学即探索的观点取代它。一个数学记忆者不知道如何应对不熟悉的情形，但一个数学探索者可以灵活地适应不断变化着的条件，因为他已学会提出问题，而这将使他在面对陌生情况时能从容应对。所以，改变课堂从培养学生的提问能力开始。同时，为了造就构建故事和抽象思维的美德，培养坚持和沉思的美德，我们必须把"意义的追求"作为课堂的核心任务。

在新课程实施过程中，我们曾经提出如下观点：

以研究一个数学对象的"基本套路"为指导，设计出体现数学的整体性、逻辑的连贯性、思想的一致性、方法的普适性、思维的系统性的系列化数学活动，引导学生通过对现实问题的数学抽象获得数学对象，构建研究数学对象的基本路径，发现值得研究的数学问题，探寻解决问题的数学方法，获得有价值的数学结论，建立数学模型解决问题。要使学生掌握抽象数学对象、发现和提出数学问题的方法，将此作为教学的关键任务，以实现从"知其然"到"知其所以然"再到"何由以知其所以然"的跨越。

对照弗朗西斯的观点，可以发现，我们所强调的也是"探索和意义的追求"，与他注重的"正确的数学实践"不谋而合。

那么，从数学认知活动的角度看，数学教学中到底应以怎样的方式来开展"正确的数学实践"呢？弗朗西斯认为，正确的数学实践应基于人类心灵深处的渴望。他在本书中讨论了源于人类心灵深处的渴望、标志着人类繁荣的人的深层次需求与数学的联系，包括探索、意义、游戏、美、永恒、真理、奋斗、力量、公正、自由、团体、爱等。他认为，如果这些需求得到满足，那么越来越多的、来自各种背景的人就会被吸引到数学王国中来。可以看到，这些需求与数学的联系，许多都是我们熟悉的，例如通过数学满足对真理、美、永恒、力量、自由等的需求，但也有一些是我们比较陌生的，例如公正、爱、游戏等。下面以建立游戏与数学的联系为例，看看我们应该以怎样的方式实现正确的数学实践。

弗朗西斯认为，游戏是人类深层的渴望，也是人类繁荣的标志。游戏通常是自愿的；游戏是有意义的，否则人们也不会沉浸其中；游戏是有结构的，遵循某些规则；游戏将自由植入规则之中，在规则下的自由探索会带来惊喜。人类游戏的特质使创造性思维和想象力的作用得到了拓展。

那么，游戏的这些特征在数学的探索中是如何体现的呢？

弗朗西斯认为，数学使大脑成为游戏的乐园。数学探索是一种引人入胜的游戏：在探索规律、培养对事物运作方式的好奇心的过程中，乐趣将随着各种想法的出现而得到激发。陈省身教授说"数学好玩"，这也是弗朗西斯的观点，看来这是数学研究者的共同体验。数学家对一个项目的研究通常也是源于"好玩"：思考规律，玩味想法，探究何为真实，并享受来自过程的各种惊喜。

弗朗西斯认为，数学游戏的适切练习培养了美德，使我们有能力在生活的每一个领域不断成长。例如，数学游戏建立了希望——当你长时间探索一个问题时，你的内心一定怀着"我将解决它"的希望，这种充满希望的经历可以延续到其他难题的解决中。在探索过程中，数学游戏培养了好奇心、发展了专注力，这是一种强烈的充满愉悦的精神活动，可以避开日常生活的纷扰。数学游戏培养了努力中的自信——你知道努力是怎样的，因为你已习惯于此并乐于接受，你意识到如果自己的大脑因努力而疼痛，那么它就是令人愉悦的思维活动。数学游戏培养了等待过程中的耐心，一个数学问题的解决也许需要几年时间，直到你发现它的结果。数学游戏培养了毅力，每周的数学探究使我们更迫切地迎接下一个问题，不论它是什么。数学游戏培养了转换观点的能力，使我们能从多个视角看问题，形成一种为社会做出贡献的开放精神。

游戏是我们作为人类的一种本质需求，对数学游戏的渴望会吸引人们去研究并享受数学，在研究和享受数学的过程中使希望、好奇心、专注力、自信、耐心、毅力和开放的态度等美德得到培养。弗朗西斯的这些观点醍醐灌顶，极具启发性，使我们清晰地看到当下流行的"刷题教学"是如何扼杀学生的天性、伤害学生对数学研究的渴望，又是如何背离数学育人的本来目标。这样的教学把数学当成了一堆冷冰冰的法则，用一种机械重复的方式灌输给学生，单调乏味、令人窒息，根本不存在数学游戏中出现的那种跌宕起伏、令人心跳的过程，使弗朗西斯所描绘的希望、好奇心、专注力、自信、耐心、毅力和开放的态度等美德的培养失去土壤，必将湮灭学生对数学的内心渴望之火。如果我们的教学能充分利用"好玩"这一数学本性，通过有数学含金量的问题对学生形成真正的智力挑战，把学生对游戏这一人类的深层渴望激发出来，那么好玩的数学就能鼓励他们去尝试，无聊的"刷题"也就能转化成一次次令人兴奋的探索和规律、意义的追寻，这样，有助于人类美德的培养也就自然而然、水到渠成了。

以上从数学研究的核心意义和数学认知活动的基本方式两个角度谈了我从本书中获得的思想启迪，这是给我留下深刻印象、引起我强烈共鸣的地方。实际上我们可以从本书的阅读中获得更多。用当下流行的说法，本书中"金句"很多，其中的观点触及数学的本质和人类个体的灵魂，不仅发人深省，而且可以改变我们对数学的看法，值得广大读者深入挖掘。

促进人类繁荣的数学

鲍建生

华东师范大学数学科学学院教授

全国义务教育《数学课程标准》和《高中数学课程标准》修订组成员

一个脱离了数学情怀的社会，就如同一个缺少了音乐会、公园、博物馆的城市。

和数学擦肩而过，你的生命就彻底失去了与美妙思想同歌共舞的机会，

也失去了一个观察世界的绝佳角度。理解数学之美将是一场与众不同、

令人心醉神迷的体验，每个人都不该放弃享受数学的权利。

——弗朗西斯·苏

在第十四届国际数学教育大会上，我见到了弗朗西斯·苏，并听到了他做的报告。在此之前，我就看过他写的书，正巧，本书的译者沈吉儿老师和审校郑瑄老师也是大会的参与者，她们在会后给我寄了

这本书，并邀请我作序，我欣然应允。

我觉得，这本书值得所有人去细细品味。正像作者本人所说：

> 为了让每个人都能从本书中有所收获，在写作之初我就已经充分考虑了各种不同的潜在读者群体——哪怕你觉得自己对数学兴趣寥寥，也不妨试着往下读一读。至于怎样才能让你站在数学的角度认知自我，我想最好的方式不是向你证明数学的伟大之处或奇妙所在，而是让你看清数学和人生之间千丝万缕的联系。如此一来，埋藏在你内心深处的原始渴求便能让你发现自己与生俱来的数学天性——你需要做的只是去唤醒它。

在我读这本书的时候，就有许多藏在心底的东西被触动、被唤醒。回顾自己40多年的数学教育生涯，虽然也读过很多书，做过很多事，但总是像一个匆匆过客、一个埋头赶路的行者，只是偶尔停下脚步，看看身边的风景。我知道，数学应该是很有味道的，很有趣的，也很有用。在看这本书之前，我从未想过，数学是为了整个人类的繁荣。

从"科学的皇后"到"科学的仆人"，数学似乎只是极少数人才能理解和欣赏的一种文化；许多学生在数学学习中体验到的是恐惧、痛苦与失望。当弗朗西斯·苏在书中用一个个很有说服力的故事告诉你，"数学可以培养出有助于人类繁荣的美德"，你能不为之动容吗?！

早在40年前的第四届国际数学教育大会（伯克利）上，著名数学家和数学教育家乔治·波利亚就做过一个引人深思的大会报告——"数学促进心灵"。在第十四届大会上，除了弗朗西斯·苏的报告外，法国的菲尔兹奖获得者赛德里克·维拉尼教授做了首场大会报告"社会中的数学"，他用一种魅力四射的方式讲述了他心目中的数学以及数学与社会的关联；中国科学院院士、中国数学会理事长田刚也在开幕式致辞中坦言："有人觉得数学很枯燥、很深奥，但我觉得数学很漂亮、很干净。数学之所以漂亮，关键是看你的兴趣，只要有兴趣，数学就会变得迥然不同。各种不同现象背后都有一个本质的联系，如果能找到这种联系，你就会感受到数学无尽的魅力。"

这些报告和言论都在提醒我们，是时候稍稍停下我们匆匆的脚步，从无尽的题海中解脱出来，想想我们的数学教育、我们的孩子。正像弗朗西斯·苏在书中所呼吁的，我们应该给数学一些自由：知识的自由、探索的自由、理解的自由、想象的自由。

数学中的这些自由可以帮助我们养成很多优秀品格。具体来说，知识的自由使我们变得足智多谋，让我们可以根据问题的具体情况选择恰当的工具和方法。探索的自由使我们在集体讨论时敢于大声发言，积极提问，让我们在为探索发现而欢呼雀跃时可以保持独立思考，让我们能够正确对待自己的错误或失误，善于从失败之中挖掘线索，看到全新的调查方向，找到恰当的解题思路，从而把各种阻碍和挫折变为成功之路上的垫脚石。理解的自由可以帮助我们正确掌握各种概念的含义，搭建起可以互相印证的知识体系，深刻认识到知识的价值，让自己在任何情况下都可以把知识当作信仰。最后，想象的自由可以为我们插上翅膀，让我们在思维的天空中任意翱翔，充分感受创造力的美好，从各种奇思妙想当中获取无穷的快乐。

我曾经看过这本书的英文版，现在又把中文译稿细看了一遍，感觉很不一样。英文读起来总不如中文那么顺畅，可以产生共鸣，乃至心灵的沟通。感谢本书的几位译者和审校，我相信他们很用心地在做这件事，因为只有这样，才能把作者那种对数学的热爱，用优美的中文句子表达出来。

请读一读这本书吧。从这本书中，你可以看到人类对美好生活的向往。

前言

　　本书的主要目的并不是向大家展示数学有多么伟大，尽管它的确是一颗光彩照人的人类智慧宝石。本书的重点也不是告诉大家数学是多么万能，尽管它的实际应用的确数不胜数。我之所以写下这些文字，其实是想和大家一同探寻数学在人生中的意义，以及如何才能在数学的陪伴下让生活变得更加充实。

　　2017 年 1 月，在即将卸任美国数学协会（MAA）会长之际，我做了一次告别演说，本书便是对演说内容的补充和拓展。尽管演说的听众大多是数学专业人士，但这次演说的主题其实适用于每个人，听众的共鸣程度也让我始料未及。看到来自听众的热烈反响，我深深地意识到，包括那些靠数学谋生的专业人士在内，大家都想聊一聊对共同利益的期望，以及让自己成为更优秀的人的办法。在演说内容被《量子杂志》（*Quanta Magazine*）和《连线》（*Wired*）报道之后，我收到了大量读者来信，这些信件让我意识到大家对数学的理解和体验与我很相似：不得要领的时候会心烦意乱，一旦豁然开朗又恨不得手舞足蹈。

　　为了让每个人都能从本书中有所收获，在写作之初我就已经充分考虑了各种不同的潜在读者群体——哪怕你觉得自己对数学兴趣寥寥，也不妨试着往下读一读。至于怎样才能让你站在数学的角度认知自我，我想最好的方式不是向你证明数学的伟大之处或奇妙所在，而是让你看清数学和人生之间千丝万缕的联系。如此一来，埋藏在你内心深处的原始渴求便能让你发现自己与生俱来的数学天性——你需要做的只是去唤醒它。

　　阅读本书并不需要读者有多么丰富的知识背景，毕竟每个人都有不同的学习经历，对数学的理解程度也不尽相同，大家完全不必有任何顾虑。我会在各章节中穿插一些数学思想，尽量将它们和大家所熟知的事物联系起来，好让各位有一种在闲聊哲学、音乐、体育时那种轻松惬意的感觉。也许有些读者阅读此书不是为了自己，而是为了身边某位正在学习数学的人，为此我也会时不时地站在教育者的角度给出一些教学建议。我衷心希望每一位读者都能在本书的陪伴下打开通向数学殿堂的大门，将其中的奇思妙想变成日常的谈资——无论是在家人之间，还是在师生之间，抑或是亲朋之间——让大家共同发掘更多隐藏在数学之中的真善美。

12

繁荣

——

每个人都在无声地呐喊，期望自己能够得到他人的正确
解读。

——西蒙娜·韦伊

（Simone Weil）

克里斯托弗·杰克逊是一名囚犯，目前被羁押在戒备森严的联邦监狱中。从 14 岁开始，他就常年游走在犯罪的边缘，频繁踏进法律的禁区。他没有读完高中，并且染上了毒瘾。19 岁那年，他卷入了一系列持枪抢劫案件，并因此被判入狱服刑 32 年。

读到这里，你对克里斯托弗可能已经有了初步印象，正在好奇我为什么要用他的故事作为开场白。那么问题来了：如果让你在心中构建一个数学爱好者的形象，你会联想到克里斯托弗（后文简称"克里斯"）这样的人吗？

入狱 7 年之后，克里斯托弗给我写了一封信，信中这样写道：

> 我一直对数学情有独钟，可惜当时年少轻狂，生活环境也比较恶劣，导致我一直没能意识到接受教育的重要意义，也没能预料到教育给人们带来的种种益处……
>
> 过去三年当中我买了很多参考书。认真学完之后，我对《代数Ⅰ》《代数Ⅱ》《大学代数》《几何学》《三角学》《微积分Ⅰ》《微积分Ⅱ》有了深刻而具体的理解。

再想想刚才那个问题：如果让你在心中构建一个数学爱好者的形象，你会联想到克里斯这样的人吗？

> 每个人都在无声地呐喊，期望自己能够得到他人的正确解读。

西蒙娜·韦伊（Simone Weil, 1909—1943）是法国一位著名的宗教学者，同时也是一位广受尊敬的哲学家。不过，很少有人知道她其实就是赫赫有名的数论学家安德烈·韦伊（André Weil）的妹妹。

西蒙娜认为，解读一个人其实就相当于对其进行某种分析和判断。她说："每个人都在无声地呐喊，期望自己能够得到他人的正确解读。"我想，这或许也是西蒙娜心中的一种呐喊吧。虽然她和哥哥一样热爱数学，一样投入了很多心血，但在哥哥耀眼光芒的遮掩下，她常常会对自己产生一种错误的、负面的认知。在给导师的一封信中，她这样写道：

> 14 岁那年，我逐渐陷入了那种随青春期袭来的无边的绝望。

我开始认真考虑是否应当就此离开人世，因为我发现自己的资质是如此平庸不堪，而我哥哥又是如此的天赋过人，他青少年时期的耀眼程度甚至可以和布莱兹·帕斯卡（Blaise Pascal）这样的人物相媲美。相比之下，我更加深刻地感受到了自己的平凡。其实我并不介意自己没有取得显见的成功，真正让我伤心的是，我将因此被彻底排斥在那个卓越超然的王国之外，那里只有真正的伟人才能进入，那里只容得下真理。倘若我的生命和真理背道而驰，那我宁愿去死。[1]

西蒙娜·韦伊，摄于 1937 年左右（拍摄者：西尔维亚·韦伊）

各种精妙的数学实例可谓贯穿了西蒙娜的整个哲学创作生涯，从中我们可以真切地感受到她对数学的由衷喜爱。[2] 在布尔巴基学派（布尔巴基是一群改革派法国数学家的笔名）的照片中，我们一眼就可以看到西蒙娜，此时她正与安德烈在一起，那唯一的一抹女性身影在照片中显得格外孤单，或许是因为这种充满了插科打诨的会议对女性来说不算特别友好。[3]

布尔巴基学派的某次聚会，摄于1938年左右。
画面左侧的女士便是西蒙娜·韦伊，此刻她正低头看着自己的笔记本，而
安德烈·韦伊正在晃铃（拍摄者：西尔维亚·韦伊）

我常常想，假如西蒙娜没有一直活在安德烈的阴影中，她和数学之间的关系会不会变成另一番模样？[4]

每个人都在无声地呐喊，期望自己能够得到他人的正确解读。

我不仅是一名热爱数学、享受数学的数学迷，也是一名数学教师，一名数学科研人员，同时还是美国数学协会的前任会长。看到这一堆头衔你可能会想，我和数学之间天生就有一条牢不可破的纽带。尽管

我很不喜欢"成功"这个词，可大家总把我和成功联系在一起，搞得好像我在数学上的成绩全部来源于赢得的奖项和发表的论文似的。从某些方面来说，我的学习条件的确不错，比如中产阶级的经济背景，以及积极督促我努力进步的父母。即便如此，即便我追求的目标并不是成就过人，而是某些更为崇高的东西，我对数学的探索之路也并非一帆风顺。

很小的时候我就迷上了数学中的那些奇思妙想，渴望能够学到更多相关知识。可惜我成长在得克萨斯州南部的一个偏远小镇，学习机会极其有限。此外，由于我身边立志读大学的同学并不是很多，我所就读的中学也就没有提供什么像样的高阶数学课程或高阶科学课程，我的社交圈子中也没有几个人对数学感兴趣。虽说我的父母愿意尽其所能地为我提供学习上的帮助，可他们其实也想不出什么实际办法来满足我对数学的渴望，再加上当时互联网尚未问世，想要找到学习资源就更难了，我只能把大部分精力放在公共图书馆那些陈年旧书上。考上得克萨斯大学之后，我对数学的热爱与日俱增，这种热爱一路跟随着我来到了哈佛大学，陪伴我攻读博士学位。可是入学之后，我逐渐感到自己和其他人格格不入，因为我并非毕业于常春藤盟校，入学时也不像其他人一样早已系统地掌握了相应的研究生课程。我觉得自己就像西蒙娜·韦伊一样，站在未来那些安德烈·韦伊们的阴影之中，脑海里萦绕着可怕的念头：既然我和他们之间差距这么大，那我是不是根本没有任何机会在数学领域大放异彩？

有个教授干脆直接跟我说："你这种人不可能成为一名成功的数学家。"如此辛辣的评价犹如晴天霹雳，我不得不开始认真思考，世界那么大，学科那么多，我为什么非要学数学呢？事实上从事数学科研工作不仅意味着对数学知识的汲取，还意味着你必须用强大的自信和良好的思维习惯武装自己，不断攻克新的难题。可不知怎的，我成了被苛评所伤、开始对自己的数学天分产生怀疑的那群人中的一个。的确，我们身边有不少人看不到学习数学的意义，甚至有人根本没有机会接触到高质量的数学教育。在重重困难面前，我们每个人都会很自然地去思考这样一个问题：

我到底为什么要学数学呢？

∞

为什么被关在牢房里的克里斯要学习微积分，即便他在剩下的25 年牢狱生活中无法像自由人一样将其应用到工作和生活当中？数学能给他带来什么好处？为什么西蒙娜如此痴迷于超然的数学真理？她迫切渴求的那些更深层次的数学知识能给她和世界带来何种改变？为什么在已经有人以直接或委婉的方式告诉你，你根本不适合学数学的情况下，你仍然觉得有必要坚持下去，对自己"数学探索者"的身份丝毫不动摇？

如今有很多人在思考如何才能将我们的社会和数学正确地关联起来。难道数学仅仅是一个助你大学毕业、成功迈入职场，从而实现人生现实目标的工具？难道数学落在普罗大众的手里只能是废铜烂铁，只有在精英人士的手中才能变成强兵利刃？如果一辈子都用不上自己的所学所得，学习数学还有没有意义？很多人都在担心，将来的工作可能完全用不到之前学到的那些数学知识。

事实上，在数字革命和信息经济转型带来的巨大社会变革中，我们正在亲眼见证工作方法和生活方式的迅速转变。如今，包括那些核心岗位在内，数学工具在每个工作领域中都占据着相当重要的地位；

全世界市值最高的四个公司全部是科技公司[5]，这意味着权力越来越集中在那些数学能力极强的人的手中。[6]不仅如此，年轻人日常生活中使用的各种工具也和数学有着千丝万缕的联系。比如搜索引擎可以满足我们每一次突如其来的好奇心，其核心算法就是线性代数；屏幕上的各种广告也是基于博弈论推送到我们面前的。再比如已经变成数字管家的智能手机，可以在代数的帮助下把我们的数据锁在一个个橱柜里，在基于统计学设计出的传感器的帮助下准确识别我们的语音指令，在解压缩算法的帮助下播放出一段段令人身心愉悦的美妙音乐。

可惜的是，我们的社会没能认真承担起相应的责任，既没做到因材施教，也没能唤起大家对数学的学习热情。很多在校教师缺乏足够的教学资源，面临无从下手的窘境。过时的课程设计和教学安排，根本无法让学生们感受到探索数学世界的乐趣，也无法让他们看到数学和文化之间的关联，进而也无法让他们意识到数学在生活的各个方面所发挥的重要作用。我们经常能听到这种声音：高中生学代数没有用，数学学不好也没关系——这些声音在不断暗示大家，数学最好还是留给那些专业人士。[7]很多大学数学系教师不愿教授入门课程，还有很多目光短浅的教师轻视本科学位，认为它只不过是向博士学位输送人才的通道。几十年来，每一个教育阶段——从小学到大学——都有人呼吁"改变现有数学教育模式"。[8]遗憾的是，这种改变相当缓慢，部分原因是数学教学常常沦为超越教育本质的政治纷争的背景。[9]

我们现有的教育模式根本没有达到当今社会应有的水平，而且就像大多数不公正的事情一样，最容易受到伤害的往往是弱势群体。由于缺乏数学学习途径，并且数学受欢迎的程度也不高，穷人和其他弱势群体承担了一系列令人扼腕的严重后果。[10]没有充分挖掘每一个人的才智和潜力，对全人类而言都是一个巨大的损失，这将严重限制子孙后代处理问题的能力。

我们在人才培养方面的失败已经对社会造成负面影响。比如我们可以轻易地被高科技设备所操纵，因为人们即便弄不懂设备背后的原理也愿意让它们去代替我们做出决定。我们会在不知不觉中被各种算法分类、追踪、分化——根据用户阅读习惯推送不同内容的新闻，根据收入情况提供不同额度的贷款，甚至在邻里之间激起不同的情绪。[11]我们看到，企业家不愿意批评自己公司提供的电子设备，政治家由于数学知识不足，无法让无良商家承担起自己该负的责任，而"仓促上阵"的公众也不知道如何处理自己和这些高科技之间的关系。

尽管我们都知道技术的背后是数学在"作祟"，可那又怎样呢？数学在人们的心中还是一副冰冷无情、只认死理、毫无生气的样子。我们感受不到自身和数学之间有任何情感上的关联，任由数学被心怀叵测之人滥用似乎也成了一件无可奈何的事。

$$\infty$$

这种现状可以改变。只要有充分的灌溉，数学就能在我们每一个人的心中生根发芽，让我们看到它的神奇和强大，让我们自发承担起相应的责任。在当今世界，这样做的必要性怎么强调都不为过，而且利害攸关。

一个脱离了数学情怀的社会，就如同一个缺少了音乐会、公园、博物馆的城市。和数学擦肩而过，你的生命就彻底失去了与美妙思想同歌共舞的机会，也失去了一个观察世界的绝佳角度。理解数学之美将是一场与众不同、令人心醉神迷的体验，每个人都不该放弃享受数学的权利。

我们每个人，不论身份、国籍，都能培养起对数学的情感，都能和数学建立起超乎想象的关联，都能看到彼此的多样性。

我想把这些话传达给那些因数学能力遭受他人冷言冷语以至变得意志消沉的人，那些逐渐对数学感到厌倦最后变得心灰意冷的人，那些一直对万物抱有一颗好奇之心，却因缺乏自信或缺少相应资源而无法接受数学教育的人。我还想传达给那些从未发现数学之美的艺术家，那些自认和数学毫无关联的上班族，那些觉得普通人根本学不了数学的专业人士。

我还想对那些正在从事数学教育工作的人，以及那些感觉自己一生都不会有机会去教别人学数学的人说：其实我们每个人都是一名数学教师，只是有些人没有意识到这一点。我们会在交谈之中不由自主地表现出自己对学习数学的态度，每一句话每一个词都有可能对他人产生不可磨灭的影响。比如你可以在对话中流露出负面情绪："我数学向来很差""数学是男孩子们的学科""千万别和她一起玩——她是个喜欢数学的怪胎""儿子啊，我身上没有任何数学天赋，我感觉你可能遗传了我的基因""你怎么又修了一门数学课啊"，等等。你也可以选择用积极的话语去鼓舞他人："学数学就跟探险一样好玩""既然我能提高罚球水平，那你肯定也能提升自己的数学水平""数学能帮你看清事物背后的规律""每个人都有希望在数学之路大展宏图"。

也许将来某一天你会成为孩子的父母，或是叔叔阿姨，或是青年团体领袖、社区志愿者，抑或是能够对身旁之人产生影响的其他身份——如此一来，你实际上就在扮演数学老师的角色。如果你在辅导孩子写作业，那你就是在扮演数学老师的角色。如果你对课业辅导有一种恐惧心理，那你就是在向孩子传递一种对数学的态度。研究表明，对数学感到焦虑的父母会把这种焦虑传递给孩子。事实上，假如这种父母拒绝辅导孩子的课业，反而能降低传递焦虑的可能性。[12] 因此，你对数学的态度不仅对你自己很重要，对你的孩子来说一样重要。

正确解读彼此，需要我们每一个人——无论你是在数学之路上一蹶不振，还是一路坚持看到了曙光——改变自己对数学的认知，不要再戴着有色眼镜来看待"谁应该学数学，谁不应该学数学"这样的问题。相应地，教师们也需要改变自己的教学观念。我们要用全新的方式去讲述数学知识。如此一来，必将有更多的人发现数学和人类内心深处的渴求紧密相连，从而被数学之美吸引。

因此，如果你问我为什么学习数学，我会回答："因为数学能够让人生焕发出应有的光彩。"

换句话说，数学能够让人繁荣发展。

∞

我所认为的繁荣，指的是知行合一，指的是每个人都能在充分发挥自己潜能的同时帮助他人挖掘潜能，指的是行事果敢自信，懂得尊重他人，即便身处逆境也坚持自我。这里的繁荣不等同于幸福快乐，也不单指某种心态，而是代表着人类良好的生活状态。古希腊人专门有一个词用来形容人的这种状态——eudaimonia。他们认为这代表了最高境界的真善美："一种集所有美好于一身的至善至美，一种足以让人过上幸福生活的能力。"[13] 希伯来语中也有一个与之类似的词——shalom，它通常被用作问候语。英语中一般会将"shalom"译为"peace"（宁静平和），但实际上这个词的内涵远不止于此。如果有人对你说"shalom"，其本意是衷心祝愿你的人生能够枝繁叶茂，一路充满幸福与快乐。除此之外，阿拉伯语中也有一个类似单词：salaam。

古往今来，人们一直在探讨人生这个最根本的问题：如何才能实现人类繁荣？什么样的生活才算是幸福生活？哲学家亚里士多德说繁荣和幸福来自美德的实践。希腊哲学对美德的定义是"能够引导人们择善而行的卓越品格"。由此可见，这里的美德不仅指道德，还包括某些其他东西，比如勇敢、智慧、坚韧等品格。

我认为适当的数学训练有利于人们形成丰盈的美德。无论你从事何种职业，无论你最终将走向何方，这些美德都能助你一臂之力。人类向美德靠拢的动机，源于内心深处的渴求。这种渴求人人皆有，它从根本上激励着我们所做的一切。我们可以将这种渴求转化为对数学的不断追求，由此感悟到的美德反过来也能够促进你的充盈。

假如把对数学的探索比喻成扬帆远航，那么人类内心的渴求就是推动帆船前行的海风，而美德就是人们在航行中磨炼出来的品格——正念、专注，以及"人风合一"的融洽。当然，航行可以将我们从 A 地带到 B 地，但这并不是航行的唯一理由。要想驾驭好帆船，我们必须掌握一些技巧，但我们学习航行可不是为了能打出更结实的绳结。同理，掌握数学这门技能也很重要，但我们不能本末倒置，将解题技巧视为最终目标。数学在社会中的应用千变万化，而不变的是探索数学世界所获得的那些美德。

为了让大家看到数学人性化的一面，包括我在内，越来越多的人开始不约而同地发出呼声，呼吁大家去发现数学中的人性美，呼吁社会对数学教育进行改革，多多展现数学充满人文关怀的一面，改变数学在大家心中枯燥乏味的刻板印象，从而减少数学教育中存在已久的不平等现象。[14] 这个目标值得称赞，但根本不可能实现，而且往往会遭到抵制，除非我们能够让大家理解学习数学的根本目的，让他们不再为了现实目的而拼命地刷题。

当人们问："我这辈子真的有机会用到数学知识吗?"他们实际想问的是："数学对我来说到底有什么价值?"[15] 这些人把数学的价值和实际效用弄混了，因为他们没有意识到数学更广泛的意义。站在更宏观、更深远的角度看待数学，可以唤醒我们埋藏在内心深处的对数学的渴求，让我们认识到数学能够带给学习者的众多美德与品格。

因此，接下来的每一章内容都将致力于阐述人们内心的某种渴求，每满足其中一种渴求，都意味着我们又朝着人生丰盈的方向迈出了一步。在每一章中，我都会向大家展现为什么对数学的不懈探索和人们内心的渴求相契合，为什么对数学真理的追求能够帮助人类培养美德，建立优秀品格。如果你希望通过数学学习焕发人生光彩，那就试着改变自己与数学相处的状态，使之契合于我们内心的渴求，这是我们共同的责任。

$$\infty$$

我刚才多次提到美德的概念，有些人可能会产生误解，以为我在告诉大家学了数学就能让你变得比其他人更好。不，不是这样的，我的意思不是说数学能给你带来更多价值，帮你赢得更多尊重，而是说如果大家能够遵从内心的向往与渴求，坚持不懈地探索数学世界，那么在此过程中培养起来的品格和思维习惯将帮助你度过更充实的人生，让你看到生活更精彩的一面。俗话说，金无足赤，人无完人。我们每个人都是一件不完整的艺术品，都有很大的提升空间。虽然提升自我、培养美德不只有数学一种途径，但探索数学的确在某些特定品格上，比如在培养清晰的思维能力与灵活的推理能力方面，拥有自己的优势和特色，不是吗?

此外，看到我对数学的评价如此之高，有些人可能会觉得我在向大家灌输"数学是人生的终极目标，其他方面的追求都没有数学重要"的思想。其实不然，我们每个人都必须摸索出一个最适合自己的、可以和灵魂产生共鸣的人生目标。不过话又说回来，数学的的确确是人类智慧的结晶，值得我们去探索和追求，也值得我们去帮助他人这样做。因为它能满足人类最基本的渴求，以自己特有的方式帮助人们体验更美妙的人生。

我希望你能够通过内心的这些渴求重新认识自我，将自己视为一名数学探索者，学会站在数学的角度思考问题，数学的大门永远为你敞开。有些渴求比较特殊，你可能还没摸清它们和数学探索之间的关联，对于这些问题，我希望你可以跟着本书的节奏获取自己想要的答案。如此一来，你便能够以全新的方式感受数学，认识到数学不仅是各种事实和技巧的工具箱，还是促进所有事物欣欣向荣的力量。

数学的探索始于不断提问。因此，我将在本书的各个章节中设置一些有趣的数学题目。放心，题目不会很难，如果你不想做可以直接跳过，也可以挑一些自己感兴趣的题目钻研一下。题目的提示和答案附在本书的最后。不过在翻阅答案之前，我建议你先思考一下每个问题，尝试自己寻找游戏的解法。

------ 切分蛋糕 ------

一位父亲在一个长方形的平底锅里烘制了布朗尼蛋糕，作为他两个女儿放学后的甜点。两个女儿还没到家，他的妻子就走了过来，偷偷在长方形蛋糕中间的某个位置随机切走了一块同样是长方形的小蛋糕。注意，小蛋糕的边不一定与平底锅的边平行。

现在，这位父亲该如何在只切一刀的情况下，平均切分剩下的蛋糕，让两个女儿拿到一样大的蛋糕呢？

美国全国公共广播电台（NPR）的脱口秀节目《汽车闲聊》中曾经出现过类似的题目。*

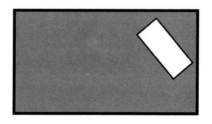

* 感兴趣的读者可以自行查阅：https://www.cartalk.com/puzzler/cutting-holey-brownies。

------ 切换电灯开关 ------

想象有 100 盏灯，每盏灯都有一个独立开关，开关的编号依次为数字 1~100。所有灯排成一行，且一开始都是关着的。现在你开始执行以下操作：切换所有编码为 1 的倍数的开关，然后切换所有编码为 2 的倍数的开关，接着切换所有编码为 3 的倍数的开关，以此类推，直至 100 的倍数的开关。（一次切换指的是将关着的灯打开，或将开着的灯关上。）

当你完成 100 步操作之后，哪些灯是开着的，哪些灯是关着的？你发现规律了吗？你能说明原因吗？

弗朗西斯先生，您好：

我是克里斯托弗·杰克逊，目前正在美国肯塔基州松节市麦克里瑞监狱服刑。19 岁那年，饱受毒瘾折磨的我浑浑噩噩地卷入了一系列持械抢劫案件，并因此被判处 32 年监禁，幸运的是当时并没有人受伤。如今我已经 27 岁，算下来入狱已 7 年有余。

我从小就对数学情有独钟，可惜当时年少无知，生活环境也较为恶劣，没能意识到持续接受教育的重要意义和潜在收益。14 岁那年我离开了监护人的家庭，开始频繁地和青少年司法系统打起了交道。

不久，我彻底放弃了学业，逐渐走上了违法犯罪的道路。17 岁时，在个案管理员和其他人的鼓励和支持下，我成功考取了普通教育发展证书，并拿到了亚特兰大技术学院的录取通知。可惜没上几天我就重蹈覆辙，再次放弃学业，陷入了更深的犯罪旋涡。

接下来的几年我被毒瘾折磨得痛苦不堪，并逐渐成了监狱牢房的常客。最终，就像信中开头所写的那样，我犯下了令我服刑至今的重罪。21 岁时，我承认了起诉书中的两项指控，随后便被押送至联邦监狱候审，最终转送到现在这座我已经待了 4 年多的监狱。

在过去 7 年当中，我读了大量和哲学、数学、金融学、经济学、商学、政治学相关的专业书，学习兴趣也随着知识的增长变得越发浓厚。最近 3 年我购买了更多的书，研读之后，我对《代数 I》《代数 II》《大学代数》《几何学》《三角学》《微积分 I》《微积分 II》有了深刻而具体的理解。

其实我知道，我的人生之所以如此千疮百孔，主要是因为我冥顽不化，不愿意听从那些过来人和权威人士的劝告，虽然他们的确比我懂得更多。尽管我幼年丧父，但我还有爱我的母亲、阿姨、外婆，她们是真心实意地想将我抚育成才。每当太阳升起，我都会意识到我的生命又向前踏出了一步，我决不能让已经发生的、我自己亲手酿成的这些悲剧影响我对生活的激情，影响我对美好未来的期待。

我之所以能够得知您任职机构的具体信息，是因为我有幸拜读过某位教授的著作，而这位教授刚好和您在同一个机构任教。此外，我常看的电视节目也经常提及您的任职机构。

虽然我经济能力有限，不过我还是想问问您，我能不能以函授教育的方式攻读贵校的数学学位。我明白您工作繁忙，时间有限，能在百忙之中阅读此信令我不胜感激。就此搁笔，不再叨扰。

克里斯托弗·杰克逊

2013 年 11 月 26 日

123

探索

———

这就好比在密林之中迷失了方向，你不得不穷尽毕生之所学试图另辟蹊径，若是恰好博得了幸运女神的青睐，你便有机会逃出生天。

———玛丽安·米尔札哈尼

（Maryam Mirzakhani）

世人眼中的数学通常都是管中之豹，其实背后还藏着数不尽的奇异和玄妙。

———郑乐隽

（Eugenia Cheng）

在数学这条道路上，我的朋友克里斯托弗·杰克逊绝对算得上是一名勇往直前的探索者，尽管身处监狱受到诸多限制，但他的想象力却从未固守一隅，故步自封。他好奇心强，善于创新，无所畏惧，坚持不懈，面对精妙难题往往乐在其中，上下求索的艰辛对他来说反而是一种难得的享受。

　　过去的几年里，克里斯从未停止对数学世界的探索，视野也越来越开阔，那些全新的数学知识令他豁然开朗，让他意识到除了之前学到的那些枯燥乏味的内容，数学中其实还存在着很多令人眼前一亮的领域。

尽管牢狱生活格外艰苦，但他对数学的热爱与认知并没有被消磨，反而与日俱增。能够在千里之外见证他的蜕变，实在令我感慨万分。

克里斯从小就过得不太如意。他出生于佐治亚州奥古斯塔市的工人阶级社区，在姨母和祖母的帮助下，他的母亲得以将他抚养成人。克里斯未满两岁的时候，吸毒成瘾的父亲就在十八轮大卡车的轰鸣声中悲惨丧生，这导致克里斯对父亲没有任何印象。尽管克里斯的人生中也曾出现过光明温暖的一面——母亲时不时地给他讲述书中的趣事，在他心中悄然埋下了一颗热爱读书的种子——但各种黑暗消极的因素也在不断阻碍他的健康成长。最终，就像他写给我的第一封信中所说，他在青少年时期不幸沦为一名瘾君子，从此走上了违法犯罪的道路。

2013 年 11 月，我收到了一封来自松节监狱的信（见下图）。起初我还有些谨慎，不过那工整的字迹、诚挚的语言很快便勾起了我的好奇心。我甚至可以想象出他写信时字斟句酌、全神贯注的样子。尽管我和他从未见过面——我对他的了解全部来自他笔下的只言片语——但实际上一个鲜明的形象早已跃然纸上，字里行间的细节或许就是他本人的真实写照。读懂了他对艰难过往的省思、对自身未来的期冀、徜徉书海只求在数学之路上有所进步的那种执着与热爱之后，我的内心受到了深深的触动。不过可惜的是，我们学校有些爱莫能助，无法为他提供远程课程的学习。

proclivity for mathematics, but being in a very early stage of youth and also living in some adverse circumstances, I never came to understand the true meaning of and benefit of pursuing an education. At the age of 14, I began becoming more involved

算起来，通过这些断断续续的书信，我和克里斯相识已经 6 年有余。除了两人都感兴趣的数学问题，我们也会聊各自的生活琐事。征得克里斯的同意之后，我决定摘录一些书信片段分享给大家，他的见解、经历和我想展现的主题完全契合，在本书中恰恰会起到一种画龙点睛的作用。不过大家不要误会，这并不是关于一个数学家在千里之外帮助狱中囚犯学习数学的故事，相反，克里斯才是故事的主人公，我真正想呈现给大家的是克里斯在自我认知上的根本转变，以及对数学之道的全新理解。同时，他的真知灼见和经历体悟也让我受益良多。沉淀消化之后，我决定借此书阐明数学与人生幸福之间的关系，好让大家有更充分的理由去相信每个人都能从数学中找到属于自己的价值。

∞

和克里斯一样，我也是一名数学探索者。尽管我们路途相殊，但沿途收获却有几分相似——对数学世界的不断探索唤醒了我们无穷的想象力。孩提时代，我曾痴迷于天上的繁星。由于我家在得克萨斯州一个偏远小镇，离大城市相当远，夜空中那些最为暗淡的星星也无处藏身。我央求父母给我买一个望远镜，可惜家境的窘迫无法让我如愿。我只好把这份好奇转移到天文书籍之中，借由文字如饥似渴地描绘着我对宇宙和太空的幻想。我想成为一名宇航员，翱翔太空，探索宇宙，寻找光怪陆离的新世界，发现奇形怪状的新生命。可惜后来我才知道，哪怕是离地球最近的恒星，路上所花费的时间也是人类寿命难以企及的，而且我不得不抛弃亲朋好友忍受漫长的孤独。一想到这里，童年这份令我心驰神往的梦想便瞬间化为泡影。不过这并没有磨灭我对太空的迷恋，只是让我把狩猎对象从天文书籍换成了科幻小说，沉浸于《日暮》（*Nightfall*，阿西莫夫著）这样的精彩故事之中难以自拔。更妙的是，在小说中我可以摆脱时空的束缚，在脑海中亲自造访阿西莫夫笔下那个拥有六个太阳的文明世界，和主人公们一起等待千年一遇的夜幕的降临。

20 世纪 70 年代末 80 年代初，先驱者号和旅行者号探测器相继升空，开始对太阳系进行深度探索，我儿时的想象力似乎也随之飘向了远方。利用这些探测器，科学家们第一次近距离捕捉到了木星卫星和土星环的影像。为此，科学家们付出了多年的汗水，贡献了无与伦比的智慧，考量了探测器可能遭遇的各种情况，制订了完备的航行规划。最终，凭借这些素不相识、未曾谋面的科研人员创造出的探测成果，身在得克萨斯州南部小镇的我有幸得以间接瞥到了浩瀚宇宙的"冰山一角"。报纸上刊登的那些旅行者号照片总能让我爱不释手，目不转睛。

沐浴在土星光环下的土卫一（Mimas）。土星反射的太阳光照亮了土卫一。
卡西尼环缝（Cassini division）是土星环中最大的一个环缝，位于图中左侧
（图片来源：美国国家航空航天局，喷气推进实验室-加州理工大学，
太空科学研究所。2015 年 2 月 16 日由卡西尼号飞船拍摄）

我们可以在这些天体的运转规律中发现数学的身影。土星环围绕在土星周边，位于赤道平面之上。从远处看，它们就像一条条静止不动的环状绸带，但事实上它们的主要成分是巨型岩石（小卫星），这些岩石内含有大量水冰，在重力的影响下绕土星旋转。天文学家伽利略在望远镜的帮助下于 1610 年成为历史上第一个观测到土星环的人。当时他并不确定自己看到的是什么，便打趣地将其称为"耳朵一样的东西"。[1] 后来在其他天文学家的努力下，人们终于确定，这是土星的环状结构，环与环之间存在许多空隙。在旅行者号探测器的帮助下，我们掌握了环状结构的精密细节，比如高密度波纹和低密度波纹的分布模式，酷似老式黑胶唱片上的凹槽。

后来我了解到，某些环状结构其实可以用数学规律来解释。所有与土星距离相等的冰岩绕土星公转所需要的时间相等，换句话说，它们具有相同的轨道周期。冰岩距离土星越远，受到的引力就越小，相应的轨道周期就更长，速度就更慢。为了更加直观，我们可以把这些土星环想象成田径跑道。和外圈的运动员相比，内圈的运动员会更占优势，单圈长度更短。

当冰岩轨道周期和土星卫星轨道周期呈现整数比的时候，我们就能看到一些较为特殊的现象。假设现在有一块冰岩在内圈运动，还有一颗卫星在外圈绕土星运转，在内圈的冰岩跑完两圈时在外圈的卫星刚好跑完一圈。也就是说，冰岩每运动两个周期就能在同一个位置上和卫星擦肩而过。

就是在这每一次擦肩的瞬间，卫星对冰岩的引力作用最强。由于每次引力极值都发生在同一个位置，二者之间的引力强度便会越来越高，逐渐让冰岩轨道产生扰动。这很像你在后面推一个小孩荡秋千，你的推力和秋千同步了，孩子就能荡得更高。由于和土星距离相

同的那些冰岩具有相同的轨道周期，它们都有偏离轨道的趋势，这就
是所谓的共振效应。这种效应强到一定程度时就会迫使环状结构之间
产生裂缝。

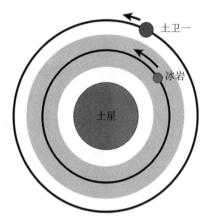

土星内轨道上的冰岩即将超越土卫一。
如果冰岩总是反复在同一位置上超越土卫一，那么日积月累之下，
土卫一的引力作用就会迫使冰岩逐渐偏离轨道

　　土卫一附近存在一个冰岩轨道，二者轨道周期比例恰好为 2∶1，
相应的共振催生了最大的土星环缝，也就是宽达 3000 英里①的卡西
尼缝（Cassini division）。其实，更小的整数比（例如 3∶2 或者 4∶3）
也会形成类似的共振效应，只不过没有前者那么显著，最终的效果与
其说是裂隙，不如说是波纹。卫星与冰岩之间的共振效应，可以解释
土星环中的许多特征。[2] 这些冰岩在引力的作用下翻跹于轨道之上，
将冰冷的数字（前面那些简分数）呈现为一支支美轮美奂的舞蹈！运
用数学和想象力进行一次小小的探索，就可以洞悉 9 亿英里外天体的

----

① 1 英里 ≈ 1.6 千米。——编者注

奥秘，对像我这样的孩子来说，简直没有比这更令人着迷的事情了。

∞

虽然目的地从真实的浩瀚宇宙变成了缥缈的思想之海，但总的来说，太空探险和数学探索其实有很多相似之处：站在起点根本看不清终点的模样，你不得不派出各种探测器去验证自己的理论。之后你会被沿途的迷境所吸引，被疑问所激励，披荆斩棘，勇往直前，最终凭借推测和演算，你跨越了时空的障碍和身体的束缚，在千里之外弄懂了天涯海角的奥秘，挖掘出了隐藏在事物背后的真理。由此可见，数学研究的根本就在于探索和理解。

遗憾的是，有很多人觉得数学只是简单的算术，还有不少人认为数学是一种传承已久的、令人头大的高级工具。在他们心中，数学和探索根本沾不上边。

的确，我们在学校学到的数学知识可以帮助我们打下坚实的基础，为以后进一步的探索做好准备。不过话又说回来，一边学习一边探索不是更好吗？为什么一定要等到将来呢？这就好比打篮球，在进军职业联赛之前一场比赛也不看，一场实战也不打，每天就学习篮球规则、练罚球。[3] 你一直都在准备，却永远都准备不好。

∞

探索不仅是人类内心深处的潜在渴求，也是人类繁荣的标志。探索数学不需要家财万贯，也不用天资过人，你随时随地都可以开动脑筋，踏上征程——无论是身处监狱，还是家住小镇，哪怕是藏身天涯海角都不会有什么影响。不必惊奇，每个时代、每个国度都少不了在数学之路上诚心求索的身影。游戏就是一个最好的例子，尤其是策略游戏，博弈过程中往往会涌现出各种奇妙的数学问题，将探索精神展现得淋漓尽致。

Achi 是一种流行于西非加纳阿散蒂人之间的双人策略游戏。游戏双方各持 4 枚棋子，交战于一张 3×3 的网格状棋盘（由 3 条横线、3 条竖线、两条对角线构成，9 个交汇点构成 9 个空位）之上。乍一看跟井字棋很像，但细节上又有着微妙的不同。游戏开始后，两名选手轮流将自己手中的棋子放在心仪的空位上，最先将 3 枚棋子连成一条直线的人获胜。如果 8 枚棋子落定，双方均未连出直线，那么棋盘上必然还存在一个没有棋子的空位，此时对局进入第二阶段，双方轮流将己方棋子沿直线移动到剩余的那个空位上，但不允许跳棋，率先连成直线的一方将赢得比赛。[4]

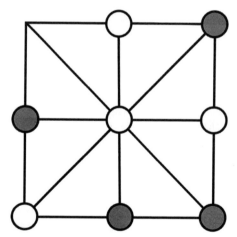

此时 8 枚棋子全部落定，胜负未分，游戏进入第二阶段，
玩家要轮流将自己的某个棋子移动到空位上，
直到有人连出直线获得胜利

以上便是 Achi 的标准游戏规则，虽然看起来条理清晰，其实规则仍有很多模糊之处。[①] 比如，第二阶段某人 4 枚棋子全部卡住动弹不得怎么办？是不是只要双方积极对弈（决不放弃任何赢得比赛的机会）就能避免棋子卡住？就算棋子没有卡住，难道选手就不能跳过此回合选择静观其变吗？数学分析能够帮你解答这些问题，告诉你如何抉择才能让对局变得更加扣人心弦。既然存在这么多特殊情况，我们不禁会产生这样的疑问：Achi 会不会一直玩下去，陷入无人能够取胜的僵局？游戏是否存在某种必胜策略（无论一方如何出招，另一方都能获取最终的胜利）？能否把交战双方的棋子从 4 枚减少到 3 枚？能否重新设计棋盘，创造出更有趣的玩法？

能够提出这样的问题，说明你已经是数学探索者，试图寻求游戏万般变化所依据的数理逻辑。就像太空探索一样，你派出一个个探测器，想要穿过遮掩在最终答案之前的重重迷雾。事实上，数学推理本身也是在"千里之外"寻找答案，因为你不必亲自参与到每一盘对局当中，只需弄懂规则便可推演出各种情况。

井字棋游戏中存在一个被称为"策略盗取"（strategy-stealing argument）的聪明办法，可以证明后手玩家不可能拥有必胜策略。其实我们可以反过来思考：假如后手玩家真的拥有必胜策略，那么先手玩家就可以无视自己的第一步棋，把自己变成真正的后手，从第二步棋开始完完整整地照搬对手的策略，以彼之道还施彼身。如果在"抄作业"的过程中，先手玩家发现自己将要落子的地方已经有了一枚棋子，那么这一回合他就可以随便下——这一步棋算是额外多给的一个机会，而对井字棋而言，多一次机会只会增加他的获胜概率，绝不可

---

① 截至目前，我还没找到任何可以完美填补游戏中各种漏洞的权威资料。

能拖了他的后腿。总而言之，假如后手玩家真的拥有必胜策略，那么最终会出现两名玩家都有必胜策略的矛盾局面，这显然是不可能的，说明我们之前的假设根本不成立。这样一来，先手玩家就必然拥有一种策略让自己立于不败之地，要么胜利要么和棋。没错，数学就是这么不可思议——我们连一局井字棋都没下，就成功推演出相当关键的结论。

每种文明都流传着带有自身特色的策略博弈游戏。[5] 换句话说，每种文明都能催生"数学探索者"，因为策略思维本身就是一种数学推理。想要继承这种文明遗产，策略游戏是一个相当不错的切入点，你可以找一个自己感兴趣的、和文化历史背景相符的游戏，在对局中锤炼自己的思考能力，发散自己的思维，挖掘出更多有价值的问题。

数学的探索始于勇敢提问。成为一名数学探索者的唯一要求，就是拥有提出"为什么？怎么会？我这样试一下行不行？"这类问题的能力。毫无疑问，每个人在孩童时代都是"好奇宝宝"，可惜很多人在成长过程中逐渐失去了提问的能力。究其原因，或许是没有受到正确的教育指引，只知死记硬背，却没有深入理解，学到的永远都是标准答案，从来没有人告诉他们这些答案为什么行之有效。长此以往，这些人就以为标准答案等同于唯一答案，再也不会主动探索问题的解决办法。由此可见，我们必须时刻警醒自己，**数学的本质是探索，而不是记忆**。在不熟悉的问题面前，数学记忆者必然束手无策，而数学探索者会主动求变，见招拆招，曾经提出的千千万万个问题此时成了自己最坚实的倚靠。有经验的数学老师会循循善诱，培养我们的探索精神。阮芳（Fawn Nguyen）就是这样一位数学教师，她曾对同行们提出过一个倡议："评判教学质量的依据，不应看学生交出了怎样的答卷，而应看学生提出了怎样的问题。"[6]

∞

　　探索可以激发人们的想象力，这是因为为了得到答案，你通常会想方设法挖掘更多的可能性。以德国天文学家约翰内斯·开普勒（Johannes Kepler）为例，当年为了解释六颗行星之间特定轨道距离的成因，他在著作《宇宙的奥秘》（*Mysterium Cosmographicum*）中提出了这样一个理论：6 个行星轨道所在的球面，实际上由 5 个柏拉图立体（即正四面体，正六面体，正八面体，正十二面体和正二十面体）以内切或外切的方式环环嵌套而成。

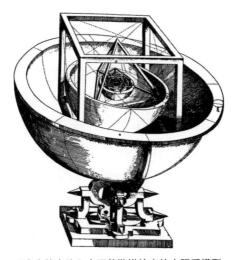

《宇宙的奥秘》中开普勒描绘出的太阳系模型

　　事实上，这个理论和真实情况的契合度并不理想，因为它压根儿就不对。但我们并不能因为错误就否定开普勒过人的想象力！头脑风暴必然会产生异想天开的错误结论，不过这并不打紧，因为错误的思想松动了正确的思想从中生长的土壤。处理数学难题也是一样的道理，不迈出第一步就永远看不到成功的可能。哪怕是那些从事数学研究的专业人员，面对难题时可能也会低头苦笑，然后试探性地问问同事："要不先求一下 X 或 Y？"尝试之后才发现这个方案行不通，不过这次尝试仍然具有实际意义，因为它能帮助我们开拓思路。

探索可以激发人们的创造力，这是因为探索过程中难免会冒出新的问题，迫使我们更新手中的工具。比如人类的探月之旅就催生了各种发明创造，这些创造后来逐渐走进了人们的日常生活，其中包括无线设备、记忆海绵、建筑隔热、防滑镜片等常见工具和技术。同理，基础数学研究往往也会（通常都是很多年以后）带来令人赞叹的实际应用。比如对素数本源的探究促进了密码学的发展；对拓扑学纽结理论的探索如今应用到了蛋白质折叠规则中，拉东变换（Radon transform）原理逐渐成为 CAT 扫描技术的数学原理。[7] 总之，无论是那些奇思妙想的数学趣题，还是精心设计的数学难题，哪怕是简简单单的小问题，都能让你的创造力得到一定程度的拓展。这些问题成了良师益友间的课堂分享、数学题集中的神来之笔、数学竞赛中的"必争之地"、数学探索者们的日常话题。[8] 英国数学教师兼科普作家本·奥尔林（Ben Orlin）曾在令人拍案叫绝的《欢乐数学》（*Math with Bad Drawings*）一书中分析了什么是枯燥乏味的问题，什么是值得探索的问题，以及二者之间的区别。[9] 他举了这样一个例子：

现有一个长 11 米、宽 3 米的矩形，请你求出它的面积和周长。

这个问题相当无聊，因为它把面积和周长两个有趣的概念硬生生地变成了数学公式的计算，根本是捡了芝麻丢了西瓜，让人摸不清数学概念的真实意义。本·奥尔林在书中这样表示："这只是将两个数字简单相乘，没能让你明白'面积'实际上指的是填满这个矩形到底需要多少个 1×1 大小的正方形。"即便你做了 20 道类似的数学题，你对几何学仍然可能一窍不通。图中的问题才是一个更有趣的、更具有探索价值的问题。

《欢乐数学》中的插图
按照作者本·奥尔林自谦的说法，这是一张潦草的涂鸦

　　的确，这样提问就好多了，趣味性可以说是直线上升，而且能够帮助你深度理解矩形的本质。奥尔林表示，这个问题还可以继续"进化"——"请你构建两个矩形，使前者的周长是后者的两倍，而后者的面积是前者的两倍。"跟这样的好问题较劲，可以培养属于你自己的认知方式，形成属于你自己的解题思路。这才是最棒的学习体验。

　　探索可以培养我们对赋魅的期待。在出人意料的事物，尤其是在怪谈奇闻和神迹奇观面前，没有任何一位探险家能够抑制住自己内心的激动和兴奋。这也可以解释我们为什么会被迷雾中的旅行所诱惑，被陌生的山洞所吸引，被海底的怪物所蛊惑——那些深海中的阴影到底是什么东西？数学当中也存在着同样令人期待和渴望的"怪兽"，空间填充曲线（space-filling curve）便是其中之一，这是一条能遍及正方形内每一点的曲线。尽管这条曲线无法用画笔绘制出来，但数学可以证明它的确存在。这种怪异的曲线如今已经被科学家应用到了计算机科学和图像处理等领域。

图中这类极致形态的曲线就是空间填充曲线，
每次变化之后，它们都会以更蜿蜒曲折的方式穿过给定的平面区域。
没错，数学中确实实存在这种神奇的极限形式

另一只"怪兽"叫作巴拿赫-塔斯基悖论，它证明了一个令人难以置信的结论：一个实心球可以切分成 5 份，然后重新组合成两个和原实心球同样大小的新实心球。肯定有人会问：如果真这么厉害，你为什么不拿金球去分割呢？答案很简单——真实空间不能像理想化空间那样可被无限分割——现实事物的本质与数学模型之间存在一定差距。如果能够以探索的眼光来审视生活，你就会发现每一道风景背后都埋藏着不为人知的宝藏，你需要做的就是锻炼自己的创造性思维，推测出宝藏的位置，然后把它们挖掘出来。

∞

琳达·古戸（Linda Furuto）是一名数学探索者，同时也擅长唤起其他学习者的探索精神。她在夏威夷瓦胡岛北海岸度过了自己的童

年，每逢闲暇时光就会去叉鱼、潜水、游泳、冲浪，一度看不到数学的意义，学起来也感到格外吃力。不过随着年龄的增长她渐渐发现，无论是海洋动力学还是潜水极限时长的优化，其实身旁到处都能看到数学的应用。如今，作为夏威夷大学马诺阿分校的数学教育学教授，她的主要工作是帮助学生发掘文明史和数学之间的关联，让他们意识到以数学探索者的眼光去审视世界不仅有利于加深对海洋生物学的理解，还能促进对海洋生态环境的保护——线性函数可以模拟藻类侵入对珊瑚礁的危害，矩阵可以描述海洋残骸的富集过程，二次方程可以规划有限岛屿资源的可持续发展之路。她曾亲自带领学生乘坐欢乐之星号（夏威夷语为 Hōkūle'a，一艘隶属于波利尼西亚航海协会的双船体独木舟）去体验夏威夷原住民在太平洋海域任意驰骋所仰仗的传统航海术。[10] 这种航海术以对天象和自然细致入微的观测为基础，不借用任何设备就可以随心远航。在过去的 40 多年中，欢乐之星号已经在海上航行了超过 16 万海里，其中包括著名的 Mālama Honua（意为"保护我们的地球"）环球航行（始于 2013 年），这次航行彻底消除了人们对这项古老航海术的怀疑。[11] 此外，琳达·古户还扮演了见习领航员和教育专家的角色，她会引领学生去探索蕴藏在海上风动力学和航海力学中的三角学与微积分学，让学生们明白这些东西为什么比死记公式重要得多。

课本上的内容非常重要，学生们必须将它们牢记在心，这没问题，我同意，可是还有一件事也同样重要，那就是让学生们意识到他们的祖先在不借助任何现代航海工具的前提下，成功地在太平洋海域航行了好几千海里——他们借助的是太阳、月亮、星星、海风、潮汐、候鸟的飞行规律等自然现象。既然他们能够在遥远的过去开辟出一条令人难以置信的海路，我相信，无论是理论上还是实践上，无论是在教室里还是在海面上，学生们的表现一定不会逊于古人。[12]

其实这些古人在开辟航线的同时也扮演着数学探索者的角色，他们凭借专注的研究精神、缜密的逻辑推理、过人的空间直觉去解决在当年的科技文化背景下所遭遇的重重困难。无论何时何地，不论何种文明，我们总能发现数学探索者的身影。琳达·古尸也得出了一个重要的结论，那就是那些和学生们拥有同一段文明历史背景的数学探索者，必然能激发学生们对数学的认同感，而自己恰好可以在二者之间搭梁架桥，鼓励学生们去主动拥抱数学。

$$\infty$$

你有没有遇到过绞尽脑汁仍旧不得要领的难题？有没有遇到过难以征服的惊涛骇浪？是不是也曾想弄懂生命长河中的冥冥天意？没错，我们天生就有求知的欲望和推理的能力，每个人都是一名数学探索者。我们遥望深空，幻想自己能够追云逐日，在星河之中探访世外仙境，那里必定有各种超越想象力和创造力的天地瑰宝在等着我们。

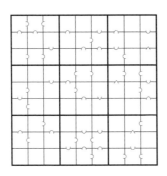

------ "整除" 数独 ------

数独是一种需要不断探索才能解开的谜题。图中这个特殊的数独玩法来自《全裸数独》(*Naked Sudoku*),*"全裸"指的是该数独不提供任何已知数字,看似天马行空,其实解法唯一。

游戏规则:将数字 1~9 按规律填入 81 个空位,使得每行、每列、每个小九宫格中,数字 1~9 刚好各自出现一次,和传统数独规则一样。不同之处在于,在每个小九宫格中,如果相邻的两个数字刚好存在整除关系,那么它们的边界就用符号"⊂"来标记。比如 A 小格中的数字正好可以整除 B 小格当中的数字,我们就说 A⊂B。除此之外游戏中还有另一个符号">",它就是普通的大于号,没什么特殊含义。

游戏攻略:你可以先想想各个数字之间的整除关系。比如 4 整除 8,故 4⊂8;1 整除 3,3 整除 9,故 1⊂3⊂9。数字 1 通常比较容易放置,因为它可以整除任一数字。

* 参见菲利普·莱利,劳拉·塔曼,"冻脑谜题",《全裸数独》(纽约:Puzzlewright,2009),第 125 页。

弗朗西斯先生，您好：

感谢您的回信，也感谢您能在百忙之中抽出时间来阅读我的信件，我能从回信中看出您的斟酌和思考，感受到那份友善和慷慨。没错，我还在继续研习数学：数学让我的生活变得充实而有意义，让我无论是在当下还是未来都有了奋斗的目标，让我得到了灵魂的升华和精神的满足，同时也让我的生命有了全新的意义和希望。我逐渐明白，只有不忘初心，持之以恒，我们才能活成理想中的模样。

现在我对数学知识的了解仅限于《微积分 II》的水平，还没正式学习过数论、代数系统的应用或其他性质类似的科目。目前手头这本《高阶数论》让我感到有些吃力，由于对数论了解较少，掌握不精，虽然付出了大量的汗水，最终也没能学到太多东西。随着个人的成长和思考的累积，我发现我（像我这样的人似乎不多）对抽象概念的兴趣越来越浓厚。不过话说回来，作为科学探索和科技进步的基石，数学本身就是一个集理论抽象和实际应用为一体的基础学科，正是这些迷人的理论和广泛的应用让我感到如痴如醉，乃至废寝忘食。

克里斯

2014 年 4 月 16 日

234

意义

—

在我看来，诗人只有去感知别人未曾感知的东西，才能比别人看得更加深刻。数学家亦如此。

——索菲娅·柯瓦列夫斯卡娅
（Sofia Kovalevskaya）

每个词都是一个死去的隐喻。

——豪尔赫·路易斯·博尔赫斯
（Jorge Luis Borges）

我的父亲出生于中国某个偏远的乡镇。母亲去世后，父亲带着我们一家人飞回了中国，想让我们看看这片故土，看看母亲即将长眠的地方。可自从父亲在机场租车开始，我就感觉整个行程不太靠谱，因为包括司机在内一行六人，还有一大堆行李，想都塞进这辆破破烂烂、饱经风霜的小汽车实在太过勉强。随着汽车的前行，我对这趟远行越来越怀疑——整整四个小时的颠簸旅程，除了坑坑洼洼、崎岖不平的土路和路旁零零散散的几只山羊，我们什么也没见到。这条捷径真能通向目的地吗？难道就没有平整的公路可走吗？

就在我满腹疑问的时候，我们遇到了一段极其颠簸的道路，汽车撞到了一块巨大的凸起，虽然前轮成功碾了过去，但车身却卡在了这块凸起之上，动弹不得。我们只能眼睁睁地看着前后轮一起在湿软的泥土上空转。总而言之，我们被困在这里了。[1]

情况很不妙。方圆几英里之内荒无人烟，我们被困在这条人迹罕至的小道上，束手无策，孤立无援。天色正在逐渐变暗，太阳很快就要落山，如果仅靠双腿，我们在天黑之前根本走不了多远。

乍一看，摆在我们面前的尴尬处境似乎跟数学毫不沾边——毕竟不涉及任何数字，也不涉及任何符号或公式——可冥冥之中我有一种预感，觉得自己在数学方面的经验能够帮助我们摆脱困境。一番思索之后，我想起我之前在某本书里见到过类似的题目——那本书的作者是马丁·加德纳（Martin Gardner），一位数学科普作家。题目是这样的：一辆卡车被困在了立交桥下，由于后方交通堵塞，它无法倒车退回；由于车身过高，它也无法继续前进。怎么办？我还记得问题的答案：对卡车轮胎缓缓放气，直到卡车的高度低到足以从天桥下顺利通过（参考下图）。

题目中的情景和我们的实际情况有些相似，但细节上又有些不同——我们不是卡在了立交桥下，而是卡在了凸起之上。或许我们可

以给轮胎打气,让它膨胀起来……遗憾的是,我们并没有打气筒。到底该怎么办呢?

当你展开头脑风暴试图想出一些行之有效的策略来解决问题时,你会遇到这样一个阶段,在这个阶段你必须弄清问题的真正含义,同时你还要剔除那些无关紧要的细节以便将问题归类,然后在脑海中思索这个问题和你之前解决过的那些问题有何关联。这个过程其实就是在剖析问题,找出问题的本质。

没错,想要抓住问题的本质,弄清它的意义或含义,你就必须找到这个问题和其他事物的关联。比如每当你思考生命的意义,你实际上就是在思考自己在宇宙中所扮演的角色。每当你想要弄清奇异事件的意义,你实际上并没有把它当作一个孤立事件,而是将它和其他事件放到一起,思考它的前因后果。再比如你想在字典里查找某个单词的含义,你会发现这个词必须放到句子中才能做出具体解释。

当作家豪尔赫·路易斯·博尔赫斯援引诗人莱奥波尔多·卢贡内斯(Leopoldo Lugones)的话"每个词都是一个死去的隐喻"时,他其实是想告诉大家，每个单词的具体含义都和当时的历史背景相关。换句话说，单词的含义取决于具体语境。比如"calculus"曾用来指代"小石子"，就像你在算盘上看到的用来计数的那种珠子，如今这个词的意思已经变成了"微积分"，用来指代一种比珠算复杂得多的运算过程。再比如"geometry"曾经的含义是"土地测量"，而如今其含义变成了"几何"，用来指代一种几乎和所有度量行为都能产生关联的数学分析方法。由此可见，单词并非孤立存在，每个词语和它的具体含义都起源于一个古老的语境，伴随着时代的发展不断演变至今。

同样，数学概念也是一种隐喻。我们以数字7为例。想要跟大家分享和数字7相关的趣味知识，你在聊天的时候就得把它和其他事物放在一起。我们说数字7是素数，实际上是在谈论它和因数（那些能整除它的数字）之间的关系。我们说数字7在二进制中可以写作111，实际上是在探讨它和数字2之间的联系。我们说数字7是一周的天数，实际上是在告诉大家它和日历之间也能产生有趣的"化学反应"。因此，数字7既是一个抽象的概念，也是几种具体的隐喻：一个素数，一个二进制数，一周的天数。同理，勾股定理也不仅仅是关于直角三角形三边关系的陈述，从隐喻的角度来看，它同时也是你新学到的每一个能够阐释勾股定理为什么正确的证明、你新发现的每一个能够展现勾股定理实用性的应用。因此，每当你遇到新的证明方法，看到新的应用方式，勾股定理对于你的意义都会随之加深。每个数学概念都伴随着多个隐喻，正是这些隐喻塑造了数学概念对于人们的意义。没有任何概念能够独立存在，因为独立会使其消亡。

这就是为什么数学能够像诗歌一样令人心驰神往。你对某个词语的使用频率越高，它在你心目中的含义就越丰富——你会逐渐认识到词与词之间的细微差别，发现它们所蕴含的不同意象——所以事实上根本不存在严格意义上的同义词。诗人在推敲出意境精准的诗句时，那一瞬间的快乐简直难以言表。数学思想也是同样的道理，你钻研得越深，你对数学思想的理解就越透彻。每一次获得新的理解，你都能看到一个不同的视角。最终，当你悟出了数学思想的真谛时，你会体验到那种醍醐灌顶的快感。

意义是人类最本能的一种渴求。那些美妙诗句之所以令我们如痴如醉，是因为我们读出了诗句背后的深刻含义。我们这一生，不是在追求有意义的生命，就是在寻找有意义的工作。我们渴望和他人进行有意义的交流。想要无憾地度过此生，我们就不得不去追寻各种意义。既然如此，我们又有什么理由在数学之路上浅尝辄止呢？

著名数学家亨利·庞加莱（Henri Poincaré）说过：

> 科学由事实构成，正如房屋由砖块构成；但是，事实的随意叠加称不上真正的科学，正如石头的简单堆砌算不上真正的房子。[2]

杂七杂八地学了一堆数学知识，本质上就是随意堆起了一堆砖块。想要建起一座像样的房子，你就得想办法让砖块井然有序地组合起来。这就是死记乘法口诀显得枯燥乏味的原因：其实就是在机械地堆砖块。不过，倘若你能够调动起好奇心去寻找口诀中的规律，归纳其中的原理，那么恭喜你，你已经开始试着建造房屋了。通常来说，"房屋建造者"在数学上表现得更为出色。有数据表明，数学成绩较差的学生对数学知识的掌握只停留在记忆层面；而那些数学成绩较好的学生则会更进一步，将零碎的数学知识视为一个互相关联的整体。[3]

对意义的不断追求，可以帮助人们培养某些相当重要的优秀品格。

首先，它可以培养我们构建故事的能力。几千年来，人们一直都在以故事为载体来记述历史、传承真理。故事可以将彼此毫不相干的事件串联起来，在听众和故事之间，以及听众和听众之间建立起一种微妙的联系。数学也一样，想要寻求数学的意义，将各种数学概念串联起来是一个不可或缺的过程，能做到这一点的人会自然而然地变成故事的构建者、传播者。

一上来就抛出一个空泛的数学概念，然后不告诉我具体意义和内含，直接让我拿它去做题——我的数学学习生涯中出现过太多次这样的事了。每次我都会和这些数学概念陷入苦战，因为书上的定义对我来说毫无意义——我想不通这个概念和其他数学知识之间到底有什么关联。然而通常情况下，仅仅几句话的点拨就能帮助我抓住问题的核心，这样的例子比比皆是。比如在学习微积分时，如果有人能够总结出"分部积分法是乘积法则的逆运算"，那么"分部积分法"和"乘积法则"这两个概念瞬间就全都变得清晰易懂了。我曾在统计学中见到过这样一个说法："学习统计学，实际上就是在学习如何成为一名优秀的数字侦探。"我还知道一个适用于所有数学领域的真理："对象之间的函数关系比对象本身更重要。"这句箴言和我对数学意义的理解可以说是不谋而合：抛开对象之间的关系，孤立地看待某个对象本身，其实没有什么意义。而函数就意味着某种关系。函数可以被视为一个"故事"。

构建故事的方法多种多样，我们不妨仍以勾股定理为例。根据勾股定理，直角三角形三条边的边长 a、b、c 满足以下关系：

$$a^2 + b^2 = c^2$$

其中 c 是斜边（最长的那条边）的边长。这是一个不涉及具体语境的公式，很容易被大家忘记，除非我们构建一个故事去记住它。

我们可以构建一个讲述几何关系的故事：利用直角三角形的三条边画出三个正方形，你会发现勾股定理实际上意味着：两个小正方形的面积之和等于大正方形的面积（见下图）。

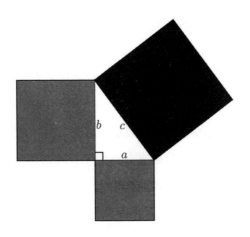

我们也可以构建一个故事来阐释这条定理的重要意义："勾股定理是整个三角学的基础，也是几何学中尤为关键的一个定理。"我们还可以构建一个以史实为基础的故事，把勾股定理放到历史背景当中："毕达哥拉斯学派对该定理的证明，比欧几里得对该定理的证明早了好几个世纪。"

数学探索者们更喜欢解释性的故事。换句话说，他们更喜欢定理的证明过程。下图完美诠释了什么叫作"无字证明"——巧妙地把正方形分割成几个不同区域，就能说明勾股定理的正确性。仔细观察下图中两两对应的区域我们就会发现，大正方形的面积刚好等于两个小正方形的面积之和。（这种分割方法适用于任意一个直角三角形，具体原理值得你认真思考一番。）

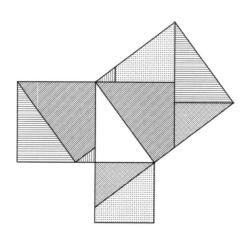

说出来你可能不信，其实勾股定理还可以构建一个物理故事。如果把一个速度的矢量形式分解成水平方向和垂直方向的两个分量，你就会得到一个矢量形式的直角三角形。另一方面，矢量线段的长短代表速度的大小，而动能刚好与速度大小的平方成正比。根据勾股定理，将物体沿斜线推出所需要的能量，等于将物体沿水平方向推出所需要的能量与将物体沿竖直方向推出所需要的能量之和。

你还可以通过游戏、探究式学习、制作实物模型等方式来构建一个互动性的故事。比如你可以亲自体验一下木匠用木棍创造直角的小技巧：考虑到 $3^2 + 4^2 = 5^2$，你可以先把两根木棍的端点拼在一起，随便摆出一个角度，然后以这两个相互重叠的端点为原点，在某根木棍 3 个单位长度的地方做一个标记，在另一根木棍 4 个单位长度的地方做另一个标记，然后耐心调整角度，使得两个标记之间的距离刚好为 5 个单位长度。然后你就会发现，此时的角度恰好就是一个直角。

以上每一个故事都能加深你对勾股定理的理解，帮助你掌握该定理更深层次的意义。构建故事是记忆新知识的重要手段。如果能把各种知识合理地融入故事中，记住它们就不再是一件令人头疼的事了。

代数工程（Algebra Project）是一项针对美国经济欠发达地区的数学能力培育计划，也是一个利用故事的构建来增强学习体验的典型案例。该项目由麦克阿瑟奖得主、民权活动家罗伯特·帕里斯·摩西（Robert P. Moses）创立，旨在为教师群体提供课程和培训，每年能够惠及10000余名学生。这些课程采用了体验式学习方法，通过以下五个步骤帮助学生们将体验和抽象结合起来：

（1）身体力行：比如组织远游、观测等活动。

（2）画下眼中所见／建立相关模型：要求学生以所见所闻为基础，画出自己的体验，建立相应的模型。

（3）直观总结／积极交流：要求学生将所见所闻构建成完整的故事，然后彼此交流分享。

（4）提炼概念／归纳精华：要求学生提炼出所见所闻的核心内容，然后利用数学知识加以分析归纳。

（5）掌握数学语言：要求学生将自己的想法用数学语言转化为数学模型。

可以看出，每个步骤实际上都是在要求学生构建一个故事。[4]

∞

对意义的不断追求，还可以锻炼我们的抽象思维能力。人们总觉得抽象思维脱离实际，其实恰恰相反，抽象思维能够让事物的实际意义变得更丰富。当你发现两个事物具有相似的结构脉络或行为模式时，这种相似就建立了一种联系，你就发现了一种前所未有的实际意义。庞加莱有句名言："所谓数学，本质上就是给不同事物起同一个名字。"（对此，某位诗人也给出了一个有趣的回应："所谓诗词，本质上就是给同一事物起上好几个不同的名字。")⁵ 如果你这辈子只见过一条狗，而且它恰好是一条德国牧羊犬，那么你可能会觉得，"狗"这个概念等同于德国牧羊犬。只有不断见到更多的狗，你才会明白，"狗"的含义可不仅仅是你之前认为的那样狭窄。之所以说抽象思维能够丰富实际意义，是因为抽象思维可以帮你建立样本库，提炼出事物的本质，比如认识狗。如此一来，你就能看到不同事物之间的共通之处。

学习代数有很多好处，其中相当关键的一点就是它能帮助我们看到问题较为抽象的一面。在学习代数的过程中，我们很容易舍本逐末，过于重视运算技巧的练习，比如代数式形变、因式分解，以至你可能无法停下来去欣赏蕴含在代数之中的那股强大力量：它能将我们塑造成思维灵活的人，帮助我们认清事物之间的规律和联系，根据缜密的推理找到解决某一类问题的"万能钥匙"。利用代数，我们给出了计算复利、卡路里的消耗、掷硬币的概率的通用公式，这些公式不仅能解决眼前的问题，也能解决情形不同但类型相同的其他问题。从狭义的角度来看，二次方程求根公式只能用来求解二次方程，但如果把视野放宽，我们就会发现其实很多问题最终都能简化为对二次方程求解。抽象思维可以让我们的思考方式更灵活，无论对何种职业来说这都是一项必不可少的技能。既然现在我们可以针对多种不同情况总结出一个通用公式，那么将来我们就可以把这种能力应用到更广的范围中，比如写出一段可以轻松处理任意大小的输入值的计算机程序，或者建造一座能够容纳各行各业人士的摩天大楼。

抽象思维能力带给我们的巨大收益不仅体现在职业生涯中，还体现在生活的各个方面。分析问题时，我们不是经常需要剥离无关细节、直指问题核心吗？看待问题时，我们不是经常需要站在不同角度、全面认知事物吗？学好数学，不是会让我们在这些方面更加得心应手吗？答案不言自明。因此，我当初看到卡车被困在立交桥下那个问题时，并没有在那些无关紧要的细节上浪费时间，比如我根本不关心它是卡车还是小汽车，也不关心车到底有多重。我剥离了细节，尝试从不同角度思考问题，以便找出问题的核心。这样做的好处是，之后再遇到其他问题时，比如一辆小轿车的车身卡在了地面的凸起之上，我能凭借之前的经验去辨别这个新问题和我解决过的旧问题有何相似之处。

∞

对意义的不懈追求可以顺带培养我们坚韧不拔、沉着思考的品格。只有不断思考，才能辨明某个思想的真正意义。抱着一道数学题冥思苦想，伏案疾书，是处理问题时极为常见的一个画面，同时也是极为艰难的一个考验。习惯这一点以后，你就能在脑海中将不同事物联系起来，以构建故事的形式对各种规律模式进行归纳总结。威廉·拜尔斯（William Byers）在《数学家如何思考》（*How Mathematicians Think*）一书中给出了大量经典实例，可以很好地说明为什么那些我们早就学过的、已经成为显而易见的"小儿科"的思想概念，一旦被人们从追寻意义的角度去重新审视，就会格外地发人深省。[6] 我们以方程式"$x + 3 = 5$"为例，左侧是一个数学过程（即加法），而右边却是一个数字。为什么我们会认为过程等于数字？同理，在你获得最终解之前，变量 x 可以是任意的数字，可一旦你算出了最终解，那 x 就变成了唯一的数字：$x = 2$。那么问题来了：x 到底是任意数字还是唯一数字？解决这些概念上的歧义，是理解此表达式真正含义的关键所在，而这一过程需要你静下心来认真思考。问题解决之后，你会获得一种发自内心的愉悦，这种愉悦感会在你追寻意义的过程中不断累积叠加，最终帮助你养成坚韧不拔的品格——对新的问题怀有信心，对新的战果抱有期待。

由此可见，数学学习过程中的核心内容就是不断追寻各种意义。如果你连自己竭尽全力的意义在哪里都搞不清，那你根本不可能在数学之路上有所收获，活出精彩的人生更是无从谈起。我喜欢下面这个关于数学的定义：

所谓数学，就是研究各种规律的科学。[7]

不过，我想根据自己的理解对该定义做一个补充，因为"科学"这个词听上去给人一种奇怪的感觉，好像我们学习数学只是为了获取更多的新发现。事实上，数学的意义远不止那些实际效用。不断探索同一个思想概念在不同视角之下的不同意义，才是真正的数学之美。因此，我更倾向于将数学定义为：

所谓数学，就是研究各种规律的科学，
同时也是一种不断探寻各种规律的意义所在的艺术形式。

说了这么多，别忘了我们的车还卡在凸起之上呢。

尽管其他人已经做好了在车上过夜的准备，可我仍旧没有放弃，我还在努力思索可行的对策，因为我对数学的不懈追求不允许我放弃，以往追寻各种意义的经历进一步加强了我的这种信念。

凭借多年构建数学故事的经验，我直觉上认为我们眼下的窘境和卡车被困在立交桥下的难题，实际上是同一类问题。

我在数学抽象思维方面的锻炼，帮我剔除了无关信息，找到了问题核心所在：看上去好像是要解决汽车和凸起之间的矛盾，但稍加思索就会发现，实际上要解决的是汽车和轮胎之间的矛盾。我们的目的是抬高车身，之前本来想向轮胎里打气，可惜没有打气筒。既然如此，我还有没有别的办法去解决汽车和轮胎之间的矛盾呢？

想到这里，我茅塞顿开。全员下车不就好了吗？

就在我们五名乘客拖着行李（一共 700 磅①）下车之后，汽车的驾驶位很快就高过了地面的凸起，我们终于能够继续前进了。所有人都长出了一口气。

---

① 1 磅 ≈ 0.45 千克。——编者注

------ 红黑纸牌戏法 ------

这个戏法虽然相当简单，但还是能令观众感到惊讶：首先，你递给某位观众一摞纸牌，让她在洗牌之后将牌面朝下递还给你。你拿回牌之后将牌组切分成两份（切牌的时候可以加一点节目效果，千万注意牌面一定要朝下），然后跟她说，第一份牌组里红牌的数目刚好等于第二份牌组里黑牌的数目。最后让她将两份牌组翻过来检查。

下面是这个戏法的准备工作：道具用一副标准的扑克牌就行，不过为了缩短节目时长，你最好还是将牌的数量控制在 20 张左右，重点在于黑牌和红牌的数目必须一致。当观众把洗好的牌递还给你时，你只需要将牌组平均分成两份（注意均分的动作不要太明显），戏法就成功了。你能想明白其中的原理吗？

这个戏法和下面的谜题全部来自拉维·瓦基勒（Ravi Vakil）的奇书《数学万花筒》（*A Mathematical Mosaic*）。你能看出它们之间的联系吗？

------ 水与酒 ------

取两个大小一样的玻璃杯，向其中一杯倒入半杯容量的水，称其为水杯；向另一杯倒入半杯容量的酒，称其为酒杯。然后从酒杯里舀一勺酒倒入水杯，让水和酒混合在一起，不用在意混合程度是否均匀。最后，我们从这杯水酒混合液中舀一勺液体倒入刚才的酒杯中。

现在，到底是水杯中的酒多，还是酒杯中的水多？

弗朗西斯先生，您好：

您在信中多次用"一种在规律之中寻找意义的艺术形式""数学的艺术本质""规律所蕴含的意义是意义的本源，它让各种符号有了具体含义""看待事物有多种角度"这类富有诗意的表述方式去描述数学、剖析数学，我对此深以为然，我自己也想像您说的那样去描述数学、认知数学。这些表达方式和我的亲身经历产生了共鸣，因为我有时也会隐隐约约地看到隐藏在数学之中的那种诗意。有位英国数学家曾这样夸赞傅里叶："傅里叶之于数学，就像韵律之于诗歌。"这也是我的奋斗目标之一，我想用自己的实际行动去感悟、认知、描绘数学中的诗意。当然，除了数学，我还要把这份诗意、这种感知方式延展到生活的方方面面。我感觉我确实读懂了您想表达的意思。这就好比国际象棋的创造过程：我们设计了各种符号（象棋棋子），然后赋予它们具体意义（象棋规则），最后在棋盘这方天地之上感悟国际象棋之间错综复杂的关系和扑朔迷离的局势。非欧几何的建立过程也是这样，在符号和意义的演变下，非欧几何形成了一方与众不同的数学天地。

克里斯
2018 年 8 月 9 日

3 4 5

游戏

一

游戏就是一场以概率为主角的狂欢。

——马丁·布伯

（Martin Buber）

重要的不是谁能率先提出这个想法，而是这个想法未来
能发展成什么样。

——索菲·热尔曼

（Sophie Germain）

早在生命的第一次呼吸之前，早在最基本的生存需求出现之前，婴儿就已经开始以游戏的方式感知世界。她咿咿呀呀地叫着，希望父母能予以回应。她还会毫无章法地踢动双腿，把手指伸进嘴里，在从手指、从嘴唇传来的两种截然不同的奇怪感觉中认识这个世界。令她做出这一切的最原始的驱动力，不是生存需求，而是好奇心，她的目的其实是在游戏中探知周边环境。呼喊与回应，双腿随机摆动，多角度探索，都是她的游戏手段。换句话说，她的每一个动作已经初步展现出了暗藏在游戏中的数学模式。

随着年龄的增长，她对游戏的那种渴求也会不断变化，并逐渐填满生活的每个角落。这种渴求会在潜移默化中影响她学习、工作、社交的方式。除此之外，这种渴求还会表现在各种文化生活当中，比如体育游戏、音乐游戏、文字游戏、猜谜游戏。另一方面，几乎每项活动中都能看到游戏的影子：舞蹈、约会、手工、烹饪、园艺，哪怕那些像工作或贸易一样"严肃"的活动也不例外。文化史学家约翰·赫伊津哈（Johan Huizinga）认为，人类文明社会每一项典型活动的形成过程都受到了游戏的强烈影响，比如语言、法律、商业、艺术，甚至战争——每项活动中都存在某些起源于游戏的元素。[1]作家 G.K. 切斯特顿（G. K. Chesterton）也表达过类似的观点："我们有理由认为，游戏是人类生命的根本目标。"[2]

游戏不仅是一种潜藏在人们内心深处的渴求，也是人类繁荣的重要标志。

既然如此，游戏到底是什么？尽管很难定义，但我们可以看出游戏的很多关键特性。假如游戏指的是某种供人消遣、娱乐的活动形式，那么游戏就等同于趣事。可是这个定义并不能解释为什么游戏能让人感到有趣。为什么所有婴儿都喜欢玩躲猫猫这种游戏？

游戏还有很多其他特性，这些特性可以帮助我们进一步摸清游戏的本质。比如，游戏通常都带有自愿性，如果你强迫我一遍又一遍地弹奏某段钢琴曲，这顶多算是勤于练习，但肯定无法让人感受到游戏的快乐。此外，游戏通常都具有某种意义，否则我们不会花大把时间在这上面。游戏通常还会遵循某种模式，比如游戏都有自己的游戏规则，音乐和弦都有自己的组合原则，就连躲猫猫都有玩法。在模式之下，游戏还具有一定的自由度——博弈策略多种多样，音律千变万化，魔方图案五彩多姿，对躲猫猫来说，你永远猜不到我下次会在哪里出现。这种自由度带来了五花八门的探索过程——魔方还原的求解过程，足球比赛的策略博弈，爵士乐的即兴演奏。这些探索行为最终会给人们带来惊喜，比如一颗复原的魔方，躲猫猫游戏中看到了父母的搞怪脸，一段令人身心愉悦的音乐节奏，一语双关的好词妙句，比分出人意料的足球比赛。虽然动物们也喜欢游戏，但人类和它们有一个本质上的不同，那就是人类的创造性思维和想象力在游戏中发挥着举足轻重的作用。

正如约翰·赫伊津哈所说，游戏往往能够让参与者从日常生活中脱离出来，进入"一个与世隔绝，自成体系的活动领域"。[3]孩子们会玩"过家家"的游戏，大人们会围坐在桌旁于牌局中斗智斗勇，一支舞蹈可以让我们在三分钟之内心无旁骛。如果用音乐术语来比喻，生命就像交响乐，而游戏就是其中的插曲。如果用计算机术语来比喻，生命就像程序，而游戏就是其中的子程序。这一首首插曲、一段段子程序组成了一个独特的世界，吸引着人们迈入其中，让人们心甘情愿地将身心全部投入到这短暂的美好时光中。从这个角度来看，游戏有时候也是一种逃避。在最理想的游戏当中，玩家不会因别人的表现谩骂诋毁，大家彼此尊重，每个人都有充分的参与感，游戏输赢对人造成的影响也不会持续太久——虽然玩的时候会竭尽全力去获得胜利，但是没几天这事就会被人抛到脑后了。

数学能够把你的大脑变成一个游乐场。适时适量地研习数学，其实就像游戏一样：探索规律时的灵光一现会让你欢呼雀跃，发现事物的运转方式也会让你陶醉不已。学习数学并不等同于背诵各种公式，牢记解题步骤。退一步说，最起码这不是一个初学者应该面对的事。体育运动也是同样的道理，比如足球，除非你想在球场上技压群雄，否则没必要日复一日地反复练习，初学者完全可以放松身心，尽情享受踢球的快乐。

　　既然已经说了这么多关于游戏的事，我们不妨亲手设计一个游戏并玩上两局。现在立刻把你的好朋友叫过来，然后在纸上画一个由点和线构成的起始图案（参照下图），使得其中的线段刚好把大三角形切分成三个小三角形，游戏中将这三个小三角形称为大三角形的细胞。

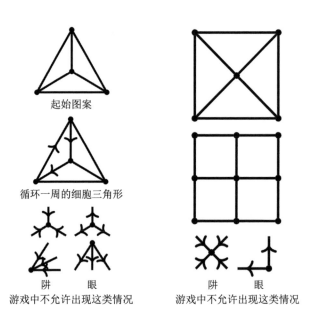

起始图案

循环一周的细胞三角形

阱　　眼
游戏中不允许出现这类情况

阱　　眼
游戏中不允许出现这类情况

　　游戏开始后，玩家轮流在起始图案中的线段上画一个单向箭头，画箭头时遵循以下规则：每条线段只允许存在一个箭头，每个端点都不能变成"阱"或"眼"。"阱"指的是和它相连的三条线段上的箭头全部指向该端点，"眼"指的是和它相连的三条线段上的箭头全部背离该端点。在"阱－眼"规则的限制下，对局中可能会出现某条线段无法绘制箭头的情况。

游戏的目标是画出一个循环一周的细胞三角形——该细胞三角形的三条边上的箭头刚好连成一圈，逆时针或顺时针均可。如果有哪位玩家率先画出了这种三角形，或者迫使对手再也画不出符合游戏规则的箭头，那么这位玩家便赢得了这局游戏。

尝试几局之后，你可以探索一下先手玩家或后手玩家的必胜策略。你还可以设计几个不同的起始图案。需要注意的是，细胞的形状不一定非得是三角形。

这个游戏是我刚想出来的，我在写下这些文字的时候并不清楚这款游戏是不是已经有人设计、研究过了。所以，这个游戏还存在着很多未被发掘的开放性问题，我现在其实和你一样，正处于兴致勃勃的探索过程中！

∞

年轻的时候，有人向我展示了一种巧妙的便捷算法，这种方式相当简单，仅凭口算就可以快速求出那些尾数是 5 的数字的平方值。你感兴趣的话可以自己研究一下。某些人可能只会简单地感慨一下：数学中居然存在这种规律，我自己怎么就没想到呢。但对那些经验丰富的数学探索者来说，他们会意识到这种规律背后的魔力，开始产生更多期待——数学中肯定还存在其他更多规律，正等待着人们去探索发现。赶紧带着你的好奇心去多找几个巧妙的算法吧！

当你发现新概念，遇到新思想时，数学对你来说的确就像游戏一样。哪怕是那些专业的数学研究人员，他们在开展某项研究项目时也会经历一种游戏式的探索过程：寻找规律，形成概念，验证真伪，同时尽情享受探索之路上那些不断冒出的惊喜。在多人协作的研究项目中，即便有人一开始就踏出了错误的步伐，其他人也不会发出批判的声音；大家只会把这当成是探索过程中一段有趣的小插曲。数学探索者们不仅会研究那些短期内即可获取实际应用的数学问题，同时也会钻研那些本质上十分有趣却看不到长远价值的数学问题。更夸张的是，数学中专门开辟了一个被称为娱乐数学的分支。除了数学，还有哪个学术领域存在以"娱乐"二字开头的分支吗？（我猜可能有"娱乐化学"，不过我建议你离这种东西远一点。）

和普通的游戏相比，数学游戏具有某些更加优秀的特性。例如，虽然数学游戏也具有自愿性，但它的内在驱动力变成了人类强烈的好奇心，越是勤加练习这种好奇心就越强烈，就像某款新游戏，你对它越有感觉，你玩的意愿就越强烈。那些最有经验、最忠实的数学游戏爱好者，在遇到新概念、新思想时会迫不及待地和它们展开一场游戏。此外，就像普通游戏存在规则限制一样，数学游戏的自由度和模式也要遵循数学定律。

数学游戏的探索过程通常存在两个阶段。第一阶段为探究阶段。在此阶段中，数学探索者会探寻规律，归纳总结，从特例中推断出一般结论，即所谓的猜想。游戏的结局通常都蕴藏着有趣的规律。比如你正在研究尾数是 5 的数字的平方值，且已经算出下列式子：

$$15^2 = 225$$

$$25^2 = 625$$

$$35^2 = 1225$$

$$45^2 = 2025$$

数学教育中一直流行着这样一种教法，那就是给学生展示一个数学对象，然后问他们："你们知道这是什么东西吗？你们有什么想问的吗？"以刚才计算的那些平方值为例，你看出数字的规律了吗？

这些问题会促使我们去思考隐藏在表象之下的更深层次的某些东西，让探索者能够与数学展开一次丰富的思想对话。我很喜欢保罗·洛克哈特（Paul Lockhart）在《一个数学家的叹息》（*A Mathematician's Lament*）中说的一句话："这就是在脑海中构建规律时令人感到不可思议的地方：它们会回应你！"[4]

上面的思想对话其实就是婴儿"呼喊与回应"（call-and-response）的变体，这种探索模式存在于各种游戏当中，其本质就是"动作产生回应"。比如在爵士之类的音乐中乐器之间会彼此呼应，部队行军时士兵们会对队长领唱的军歌做出回应，激烈的网球对打中挥舞的球拍就是对对手的回应，听到婴儿咿呀哭喊父母也会急忙回应。

在数学游戏中，面对"你们知道这是什么东西吗？你们有什么想问的吗？"这种源于数学本身的"呼喊"时，探索者会以自身的观察结果为基础做出"回应"："这些平方值全部以 25 结尾。另外，我觉得平方值前面的数字 2、6、12、20 之间可能也存在某些共性。"这种思想对话还会发生很多次，直到探索者在多次观察之后终于得出自己的结论。比如你盯着这些平方值看了一会儿之后，兴高采烈地"回应"道："我找到规律了！"这意味着你提出了一个猜想。

之后"呼喊者"与"回应者"会互换身份，探索者想要验证自己的结论就得亲自测试更多实例，而数学会以"确认"或"反驳"的方式做出回应。我们还是以平方值问题为例，为了验证自己的猜想，你会大声地向数学呼喊："请帮我算一下 55^2。"数学会回应你说："3025。"你会看看这个数字和自己的猜想是否一致，然后继续尝试："请再帮我算一下 65^2。"数学会再回应你说："4225。"

这种对话会循环好多次，直到探索者对自己的猜想有了十足的把握。这位探索者还有可能会在此过程中发现某个重要的数学概念，并以下定义的方式将其公布于众。你看，在这个数学游戏的小插曲中，凭借自己的能力和无拘无束的创造性思维，这位探索者成功建立了一个全新的数学准则。

由此可见，数学游戏很像婴儿咿呀哭喊、倾听回应的过程；也像布道者讲述真理、听众低呼"阿们"的过程；又像网球选手在比赛中遭遇全新的对手时，用不同的击球方式试探对方的应对策略的过程。

$$\infty$$

数学探索的第二阶段为论证阶段。在此阶段中，数学探索者会通过演绎推理为自己的猜想提供某种逻辑说明，具体表现形式为数学证明或数学模型：用数学语言描述事物的前因后果。此外，该阶段还会涉及几种司空见惯的数学游戏模式。比如，为了证明结论的正确性，数学探索者可能会尝试反证法——先假定结论是错误的，再推理出明显矛盾的结果，从而排除此命题为假的可能。为了证明彼此相关的一系列结论的正确性，经验丰富的数学探索者可能会尝试数学归纳法——利用某个陈述的正确性去推导下一个陈述的正确性，整个过程就像推倒第一块多米诺骨牌之后其他骨牌也会依次倒下一样。这些成体系的数学证明步骤其实很像国际象棋中一连串的开局走法，能够帮你建立起良好的开端。

对数学模型而言，有一种数学游戏技巧特别实用，那就是尽可能地做出简明直观的假设。换句话说，这其实是在改变游戏范围，让问题变得更容易着手。比如，我们现在想建立一个用来描述咖啡冷却过程的数学模型，经验丰富的数学探索者可能会毫不犹豫地对咖啡液体、冷却速率做出几个简明的假设，因为他们知道尽管这种简化或许无法抓住问题的全部特征，但一定可以把握住问题最关键的方面。

数学游戏通常还要求参与者能够灵活切换视角，从不同角度看待问题，这一点也尤为关键。我曾经跟旅行团一起踏进了一个黑暗的洞窟，导游让我们关掉手中提的灯，在没有光线，只有声音的情况下体验蝙蝠感知洞窟的方式。于是我大喊一声，然后认真聆听来自四面八方的回声。这种感官上的切换，让我得以从全新的角度感知洞穴的存在。在数学游戏中，切换视角是解决问题必不可少的重要手段之一。以不同的方式探索问题，多角度认知问题，可以让你看清问题的方方面面，从而做到成竹在胸。正是出于这个原因，数学家们有时才会以涂鸦的形式分析数学——画一些简单的图示来代表对象之间的复杂关系——哪怕他们正在思索的问题根本没有对应的空间实体。有时他们也会尝试不同的标记方法或数学定义。正如我的某位学生曾经总结的那样："选择一个恰当的标记方法或数学定义，实际上就是在你和手头的数学资料之间确定了一种思想对话的风格。"掌握了切换问题角度的技巧，教师们向他人阐释数学概念时就可以根据实际情况选择不同的方法途径。

可以看出，数学游戏既像一位根据以往经验确定开局策略的棋手，也像一名从箭袋中挑出恰当箭支的猎人，又像一名为了新式菜品精心挑选适宜调料的厨师。尽管某些方案的确优于其他方案，但能够解决问题的方案其实有很多，这些方案可以帮你烹制出各具风味的丰富菜肴。

面对我们的稳步推进，数学猜想要么举手投降，给出我们想要的答案，要么负隅顽抗，甩给我们更多新难题、新挑战。这时考验的就是数学探索者是否拥有合格的创造性思维，因为他必须不断地从自己的众多装备中挑出恰当的武器，将猜想中剩余的难题一一斩于马下。

我们一直说数学探索过程存在两个阶段，但实际上这只是一种人为区分。即便第二阶段已经完成，相关的数学证明或数学模型也已经建立完毕，面前仍旧会不断冒出新的问题，让我们不得不去寻找更为完整的证明方法，构建更为完善的数学模型。因此，我们最好把数学探索看成一种两个阶段交替出现、周而复始的循环过程。[5]

$$\infty$$

为了展现数学游戏中的这种循环过程，我们可以再看看之前那个问题：寻找一种便捷算法，从而快速求出尾数是 5 的数字的平方值。拥有了一个经过充分验证的猜想之后，你就可以进入第二阶段：找出这种便捷算法的原理并予以证明。你可以利用代数知识构建尾数是 5 的数字的通用表达式，即 $10n+5$，其中 n 为任意自然数。现在求一下这个通式的平方，看看最后的结果能不能验证你的猜想。如果能，那你就成功找到了计算所有尾数是 5 的数字的平方值的便捷算法。我在这里省去了具体过程，主要是希望可以给你留下一个亲自获取探索成果的机会。

和你不同的是，当年的我根本没有机会去亲自探索、发现这个便捷算法——有人直截了当地向我展示了前因后果，我没能体验到那种令人情不自禁地喊出"啊哈！"的惊喜时刻。法国哲学家、数学家布莱兹·帕斯卡提醒我们："通常来看，人们更容易被他们自己发现的理由所说服，而不是被其他人想到的那些理由所说服。"[6] 尽管如此，我们还是习惯于把数学看成是某种向他人灌输知识的学科。

就我个人而言，这个酷炫的平方技巧变成了一块跳板，我踩着它跳进了数学游戏的深层区域。我开始思考：既然尾数是 5 的数字的平方值全部以数字 25 结尾，那么尾数是 25 的数字会不会也存在某种规律？这算是一个小小的挑战，如果你感兴趣，可以试着自己分析一下，然后得出结论，最后想办法给出证明。

这次的现象比上次还要有趣。可以看到，两个尾数是 25 的数字的乘积，仍然会以 25 结尾。这是一种相当奇妙的数字特性，我们不妨给它起个名字。其实这也刚好反映了数学游戏的趣味性和创造性：对于自己在数学游戏中发现的那些数学规律，我们拥有自主命名的权利。

现在我们正式将数字最后面的几位称为"尾数"。如果两个数字的乘积和这两个数字本身具有相同的尾数，我们就将这种尾数称为"恒驻尾数"。根据定义，25 就是一个恒驻尾数。那么新的问题来了：

除 25 以外，还有哪些两位数属于恒驻尾数？

之所以这个问题如此简单明了，是因为我们给出了恰当的定义。一番探索之后你会发现[7]，两位数当中只有以下 4 个属于恒驻尾数：

      ……00

      ……01

      ……25

      ……76

你可能早就猜到了其中会有"……00"（你知道为什么吗？），但其他 3 个可不这么好猜。当初找到 76 这个数字时我就觉得很不可思议，我根本没想到两个尾数是 76 的数字的乘积，其尾数居然还是76。两位数找完了，我们再看看三位数——哪些三位数属于恒驻尾数？难道我必须把 1000 个三位数都测试一遍才能找全答案吗？（小提示：当然不用这么麻烦。）结果和刚才一样，满足条件的三位数也只有 4 个：

  ……000

  ……001

  ……625

  ……376

哪些四位数属于恒驻尾数？哪些五位数属于恒驻尾数？

我仔细研究了各种位数的恒驻尾数，结果每种位数的最终答案都着实让我惊讶了一番。无论位数有多长，每种位数中似乎都只存在 4 个恒驻尾数，而且每个恒驻尾数都会"继承"上一个长度的恒驻尾数的某些特征。比如：

  三位恒驻尾数……625

可以演变为

  四位恒驻尾数……0625

然后可以继续演变为

  五位恒驻尾数……90625

一直演变下去，你会发现：

  ……259918212890625 是唯一一个以数字 5 结尾的十五位恒驻尾数。这个答案是多么的撩人心弦啊！虽然你根本不知道尾数前面的数字，但是你可以确定这一连串神秘数字的结尾！此时此刻，数学世界中那些含苞的花朵似乎正悄然绽放在我的面前。

其他恒驻尾数不断演变下去会发生什么？如果你不想看答案，只想自己探索，请不要阅读这句话的注释[8]，放手去试一试吧。我自己对这个问题相当着迷，最后竟然算出了全部的十五位长度的恒驻尾数。然后我又有了新的疑问：这些尾数之间是不是存在某种关联？

我坐在椅子上，沉思了好一会儿。

突然间，我灵光一现，看出了数字间的规律！（顺便说一句，即便没有算到十五位这么长，你也能发现这个规律。）这一刻我仿佛沐浴在圣光之中，数学世界那扇神秘的大门已经向我敞开，门内的深刻思想似乎正在向我招手。其他人有没有发现这个规律？我真想把我的这份激动和兴奋分享给每一个人！这个规律可以说是优美无比、震撼人心，可是当时的我很难解释个中缘由！不过，虽然我不知道它为什么正确，但直觉告诉我它绝对没错。

直到多年以后，我在大学的数论课程中学到中国余数定理（Chinese remainder theorem），我才解开了这个数学规律背后的秘密。我终于弄清了这个规律的成因，并找到了证明方法。后来我又发现，恒驻尾数早就被其他人研究过[9]，但这并不重要。数学游戏的乐趣在于不断拓展那些奇思妙想，看看它们到底能走多远。

即便不了解数论，你恐怕也会对刚才这些内容发出由衷的赞叹。确实是这样的，只要你能注意到这个规律，并且问了一声"为什么"，你就已经参与到数学游戏当中了。逐渐地，你跳出了世俗的日常节奏，全身心地投入到幕间曲中。在此，你执着的态度、游戏的过程全部得到了回报，你收获了惊喜、快乐，并且离真理更近了一步。最终，这些更进一层的数学技巧可以给予你一种全新的成长体验。

$$\infty$$

你看，适当的数学游戏能够帮助我们培养美德，而这些美德反过来又可以帮助我们在生命的各个领域中蓬勃发展。

例如，数学游戏帮助我们建立希望——在反反复复研究同一个问题的过程中，你会逐渐燃起希望，坚信问题一定能够得到圆满解决。

有了这种建立希望的切身体验之后，我们在处理其他难题时便会得心应手。此外，在探索过程中，数学游戏还会培养我们的好奇心，提升我们的专注力，让我们远离日常生活的纷扰，尽情享受这种注意力高度集中的美妙感觉。西蒙娜·韦伊曾经说过：

> 就算我们在几何学方面没有什么天赋，或者缺少那种一见钟情的感觉，也不意味着我们无法在努力解决问题、研究某种理论的过程中锻炼、提升我们的专注力。从某种程度上来说，这反而是一种优势。[10]

面临困境时，数学游戏还可以培养我们的自信心——你很熟悉那种拼搏的感觉，因为你已经习以为常，无所畏惧。你也清楚，解决问题时那种苦思冥想、绞尽脑汁的过程，实际上是一场令人身心愉悦的思维锻炼。数学游戏还可以培养我们的耐力，因为为了最终的水落石出，我们通常要熬上很久，等待几年、几十年也毫不稀奇。数学游戏还可以帮我们养成不屈不挠的品格——就像踢足球，每周刻苦练习可以让肌肉得到锻炼，使我们以更强壮的姿态迎接下一场球赛。数学游戏也一样，日常的探索和练习可以让我们在处理任何新问题时都更加游刃有余——哪怕我们手头的问题还没有彻底解决。

此外，数学游戏还可以锻炼我们切换视角、全方位认知问题的能力，同时也可以培养我们的开放性精神，为公众、社会奉献一份力量——你与他人分享自己的奋斗经验、分享自己全力解决问题的那种快乐时，你其实就是在试着全面、正确地认知他人。以上便是数学游戏给我们带来的几个最重要的美德。

另一方面，当数学游戏遭受负面力量的冲击时，开放精神也是最容易受到损害的品格之一。例如，过分强调成绩会导致不健康的竞争；过分强调风险会破坏游戏的趣味性和开放性；骄傲自大会滋生排外行为，将一些人阻拦在数学游戏的大门之外，使游戏的崇高性蒙尘受损。

数学家戈弗雷·哈罗德·哈代（G. H. Hardy）写过一本举世闻名的为数学辩护的书——《一个数学家的辩白》。虽然书中文字感情丰沛，有时也确实能起到预期的效果[11]，但他似乎过于重视数学成就，还把它看成是数学家的终极目标——他甚至会用"微不足道"这种字眼贬低某些问题，将自身的数学贡献视为平凡琐事。在我看来这是一种误导。他过分强调了数学工作中的是非成败，却忽视了数学本来应该是一项充满游戏性的、令人愉悦的活动，实在令人感到遗憾。

倘若我们能够将数学视为一项好玩有趣的运动，而不是一项强调成绩的运动，那我们的数学教育一定会发生翻天覆地的变化。

数学竞赛原本只是一种数学游戏，旨在通过解题经验的分享，促进整个数学行业的共同发展。不过，现在它变成了一个相当微妙的话题。我知道有些人对它的实际价值表示怀疑，我也清楚这背后的原因。这类竞赛项目有时会助长一些不良的竞争风气，尤其是在赛程设计不合理，或者只看重解题速度（比拼的是一种计算技巧，而非数学技巧），而不在意创造力的时候。此外，数学竞赛通常只会吸引一小群人前来参加，这些人往往对数学已经有了较为深刻的理解，擅长通过各种不同形式来享受数学的乐趣（还有很多人从未拥有过参赛机会）。如此便导致了一个令人遗憾的结果：公众会认为只有最后的胜者才是真正"擅长数学"的人。其实这种关联性没有什么道理。想想那些虽然拥有过人的运动天赋，但对百米赛跑并不感兴趣，也从没参加过百米赛跑的运动员吧。如果把百米赛跑当成唯一的"体育竞技"，把百米冠军神化为唯一"擅长体育"的运动员，那也未免过于荒唐。

然而，事情并不全然如此。我曾亲眼见证了用心组织起来的数学竞赛给大家带来的种种益处，也见到过很多生平第一次"找到组织"的小孩，对于那些好玩有趣的问题，他们每个人都有着同样的热爱，并在分享交流中收获了牢固的友谊。在志同道合的群体中，没有任何人会因为自身不同寻常的爱好而遭受讥笑或羞辱。每个人都具有较强的开放精神，能够以包容接纳的态度迎接新人的到来。如果他们当前正在钻研的问题足够有趣，那么这些初来乍到的朋友还可以相互交流探讨，将手头的这场数学游戏一直传递下去。

2016 年，美国代表队第二次摘得国际数学奥林匹克竞赛的桂冠。对美国代表队来说，这是一项相当了不起的成就，因为在 2015 年之前美国已经连续 20 年没有拿过冠军。此次夺冠的过程中有一个鲜为人知的小细节，那就是美国队教练、新加坡裔数学家罗博深先生曾在赛前邀请其他国家的队伍和美国队一起备战。比起竞赛本身，他更重视集体精神，以及大家围坐在一起共同解题的那种快乐。新加坡总理对罗博深的行为无比赞赏，甚至曾在公开场合就这项不同寻常的合作向美国总统奥巴马表示感谢。[12] 享受真正的数学游戏精神，其实比获得胜利更加重要。

我们可以对埋藏在人们内心深处的对游戏的渴求加以引导，让其他人和我们一起走到数学中去。因此，游戏在数学学习过程中应扮演重要角色。每个人都拥有游戏的能力，每个人都喜欢游戏带来的快乐，每个人都可以在数学游戏中给自己留下一段有意义的经历。正如柏拉图所说："我的朋友，千万不要强迫孩子们去学习，而要寓教于乐，让他们在玩乐的过程中爱上学习。"[13]

想要把数学游戏变成自身学习过程中的重要组成部分，其实有很多方法，比如你可以寻找、总结身边发生的各种规律。每找到一个新规律，你就开始提出各种问题。如果遇到难题，可以先尝试自己解决，实在没有办法也要在对它有了感觉之后再查答案。每次成功解决问题之后，都要试着做出更深一步的分析，并提出各种延展性问题。你还可以围绕自身建立一个数学圈子——无论是在家里，还是在学校，抑或朋友之间——让每个人都明白提出好玩有趣的问题是多么重要。如果你是家长，或是教师，那你可能对这种事有些抵触，害怕遇到无法回答的问题，但这是塑造一个探索者的一部分：你不可能永远都知道问题的答案，但你会在数学游戏的过程中逐渐明白如何去培养并突显各种优秀品格，这会帮助他人找到苦寻已久的答案。

游戏已经深深地刻在了人类的基因里，那种对游戏的本能渴求一定可以吸引人们去探索数学、享受数学。

下图中有三个重叠在一起的、彼此全等的矩形（大小相等，形状相同），每个矩形的面积都是4。三个黑点代表三个矩形短边的中点，三条长边相交于各自的中点之上。请问图中形成的这种图案总面积是多少？

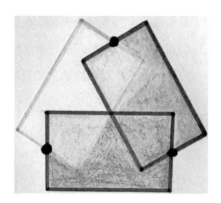

这道漂亮的数学题由英国剑桥数学教师卡特里奥娜·希勒（Catriona Shearer）创作、提供。她很喜欢设计这类几何趣题，目前这些题目在推特上相当流行。出人意料的是，她的这项爱好竟然起源于一次户外探险活动！她的原话是这样的：

当时我正在苏格兰高地度假，但是出发时居然忘了带外套，以至于我待在室内的时间比我的朋友们多很多！我只好不断地顺着"我是不是可以算出这个……"这种思路，在纸上涂涂画画。

我根本没想到这会变成我的一项爱好，但这真的有点让人上瘾……

起初我还只是随笔涂鸦，后来我画了满满一页的以不同角度叠加在一起的正方形，以及涂上各种阴影的规则五边形，想要看看这些图案背后是否存在什么好玩的数学规律，比如长度之间、面积之间、角度之间的关系。*

* 本·奥尔林曾对卡特里奥娜·希勒做过一次采访，具体内容收录于博客文章《20 道趣味问题》(令人抓耳挠腮又爱不释手的几何题)之中。博客名字叫作"随笔涂鸦学数学"(Math with Bad Drawings)。此篇博文发布于 2018 年 10 月 3 日，网址为：https://mathwithbaddrawings.com/2018/10/03/twenty-questions-of-maddening-delicious-geometry。

剧透：在这封信中，克里斯解决了"分割蛋糕"谜题（参见第 1 章结尾）。如果你不想看解答过程的话，可以直接跳到最后一段。

弗朗西斯先生，您好：

我确信这次我已经正确解出了您留给我的题目。一开始我以为这个问题缺了很多条件，所以我根据不同情况给出了两种答案……

2（a）. 如果这两个矩形的中心并不重叠，但外部矩形的某条对角线刚好穿过了内部矩形的中心，那么只要沿着刚才这条对角线切一刀就好了。

2（b）. 如果内部矩形的中心和外部矩形两条长边之间的距离刚好相等，那么只要画一条能够穿过内部矩形中心的水平线，然后沿着这条线切一刀就好了。

但我并没有满足于此，我开始思考直线的倾角、嵌在内部三角形中的三角形、内部三角形的面积、直角三角形的斜边和两条直角边、边角边、距离，然后我又想到两点确定一条直线、两点和两点之间的距离可以确定一条线段。

突然之间，我灵光一现，想到了最终答案。

3.（适用于一般情况的答案）：简而言之，一条同时经过内部矩形中心和外部矩形中心的直线就可以解决问题。

这真是一个相当不错的问题：它具有一定的启发性，能够让人充分利用已经学过的那些知识。把第一版答案寄给您之后，我突然意识到其中有些内容并不完全正确。至于如何改进答案，我心中已经有了一些模糊的想法，但这显然会让问题变得更为复杂。多亏了您的鼓舞与激励，我才得以想出一个更好的答案。

克里斯

2018 年 1 月 28 日

4 5 6

美

除了对数学洞察力有一种天然的渴求，人们还可以从数学的深刻见解中获取满足感，这两件事让数学变成了接近于艺术的存在。

——奥尔佳·陶斯基-托德
（Olga Taussky-Todd）

为什么你会想和他人共享那些美丽的事物呢？因为这会让他（她）感到愉悦，也能让你在分享的过程中重新欣赏一次事物的美。

——戴维·布莱克韦尔
（David Blackwell）

我念大学的时候，通识教育有很多必修内容，艺术课程便是其中之一。其实当时我对艺术之类的东西没什么兴趣，我之所以会参加"建筑赏析"课程，主要是因为朋友的建议，他觉得这门课程比较简单，我们俩可以一边懒洋洋地坐在凉爽、昏暗的大教室里，一边欣赏那些建筑图片。我从未想到这门课程居然给我带来了很多启发，甚至以各种方式改变了我的生活。在教授的引领下，我们踏上了一场美丽建筑的鉴赏之旅，明白了这些建筑备受推崇的原因。有些建筑我一眼就能看出它的鬼斧神工之处，有些建筑则要细细品味才能看出它的魅力所

在。渐渐地，我看到了建筑形式和建筑功能之间的紧密关联，看出了建筑潮流的发展趋势，养成了独特的审美风格，明白了这种喜恶背后的原因，也越来越看重与建筑美学相关的文化内涵和历史背景。

上了这门课以后，我再也不会用以前那种眼光看待建筑了。如今，一般的建筑我只要看上几眼就能告诉你它的建成年代，甚至可以想象出这位建筑师想要借这栋建筑表达什么样的主题和愿景。我还记得我第一次走进哈佛大学校园看到塞弗楼时的感受。尽管我之前从未见过这栋建筑，但我还是认出了它的设计者——大名鼎鼎的建筑师亨利·霍布森·理查森（H. H. Richardson）。之所以会产生这种"啊哈!"时刻，是因为我已经对建筑之美产生了高度敏感性。

菲尔兹奖得主玛丽安·米尔扎哈尼说过："只有在那些最有耐心的信徒面前，数学才会展现出它美丽的一面。"[1]她的意思是，数学之美的绽放通常需要一定的时间。有时你需要费上一番功夫才能欣赏到建筑的美。数学的美也是这样，只要你拥有足够的耐心，一幅壮丽雄伟的画卷便会徐徐展现在你的眼前。

另一方面，数学之美有时也会突然浮现在数学探索者的脑海中——就在这灵光一现的瞬间，她苦苦思索的难题终于有了一个优雅的答案，这就是前面说的"啊哈!"时刻。一刹那间，所有的线索全部拼到了一起，一切都变得清晰明朗起来。就像我在塞弗楼的经历一样，数学中的那种豁然开朗，本质上是因深刻认知事物而产生的快感。

我相信很多人都曾亲身感受过数学之美，只是没有意识到而已。这就像在欣赏周边建筑时未曾深入观察一样，你只看到了建筑的实际功能，却忽视了它的表现形式。还有些人可能从未留意过身旁的建筑，这也没有关系——你需要花上一些时间来熟悉各种建筑，然后便能形成自己的喜好。所以说，如果你从未体验过数学之美，我会帮你弄明白前文中的"壮丽雄伟""豁然开朗"到底是怎样一种感受，让你能够以一个数学探索者的身份去拥抱美丽的数学世界。

$$\infty$$

对美的渴求普遍存在于生活中的各个角落。我们当中有谁不喜爱美好的事物呢？一场动人心弦的日落，一首壮丽宏伟的奏鸣曲，一阙深邃悠远的诗词，一缕发人深省的思想……我们被这些美丽所吸引，为这些美丽而陶醉，因这些美丽而沉迷，想要尽己所能地去创造更多美丽。对美的渴求与生俱来，对美的表达则是人生丰盈的重要标志。

数学中当然也存在各种美丽的事物——具体形式多种多样——只不过很多人没有发现它们的美妙之处，或是因为没有机会去亲身体验，或是因为虽然体验过但没有意识到数学在其中扮演的重要角色。而对数学探索者和职业数学家而言，他们通常会把"美"看成是自己从事数学事业的最主要原因之一。甚至有研究表明，数学之美给数学家们带来的感受，其实和视觉之美、音乐之美、道德之美给大众带来的感受差不多——这些感受会激活大脑中专门处理情感、学习、愉悦、奖励的特殊区域。[2]

因此，如果你曾经欣赏过日落、奏鸣曲、诗歌之美，那你为什么不继续尝试一下数学之美呢？只要你想，就一定可以做到。

很多人都给美的一般属性下过定义，或做出过总结。美到底在何种程度上是主观的（取决于观察者本身），又在何种程度上是客观的（取决于被观察事物的内在属性），那些研究美学的哲学家们对此一直争论不休。我并不想去盖棺定论，因为在我看来这两种观点都有道理，答案不是非黑即白的。一方面，我们不能否认每个个体都有不同的品味和喜好，各自的文化背景也会对审美产生深远影响。另一方面，对于数学之美的根本特征，数学家们的确达成了几点共识。很多数学家都对此做过总结和归纳：数学家哈代认为，数学思想之美在于它的严肃性，还有各种出人意料的偶然性和必然性，以及表达方式的简洁性；哲学家哈罗德·奥斯本（Harold Osborne）查阅了大量和数学之美相关的文献，最后将其特征归纳为：井然有序、逻辑连贯、表达清晰、高雅优美、易于理解、意义丰富、思想深刻、形式简明、综合全面、发人深省；数学家威廉·拜尔斯在《数学家如何思考》一书中给出了充分的理由，认为数学之美完全基于以下几个重要特性：歧义、矛盾、悖论。不过，向那些没有什么数学经验的人展现这些数学之美的特征，其实就像用温度、质感、酸度来展现美味寿司的诱人之处一样，让人感到一头雾水，不知所云。

向你描述一个你从未体验过的事物，其实就像向一个从未见过颜色的盲人朋友描述彩虹一样，似乎是一项不可能完成的任务。但事实上，盲人会设法将其附着在其他感觉官能、其他情感之上，以这种特殊方式来感受颜色。因此，我反对数学家保罗·埃尔德什（Paul Erdős）那过于悲观的态度，他在解释数学之美时有一句名言："这就像在问贝多芬的《第九交响曲》美在哪里。如果你自己悟不出来，那别人也没法跟你解释。"[4]

我会想办法向你解释。不过，"井然有序""表达清晰""高雅优美"这种冷冰冰的词语怎么会让你产生切身感受呢？所以相较于他人对数学之美的阐释，我更愿意把精力放在对数学之美的体验之上。

∞

在我看来，数学之美有四种类型。

第一种，也是最通俗易懂的一种，即"感官之美"。对于那些有规律的事物，你可以利用自己的视觉、触觉、听觉去直观地感受它们的美。这些事物可以是自然的，也可以是人造的，甚至可以是虚拟的。沙滩上的波痕、宝塔花菜中的分形图案、斑马身上的条纹，全都遵循着某种数学定律。音乐是一种能让人听出美感的规律性声波。每种文化中的艺术作品都具有某种规律，有些作品在创作时甚至借用了复杂的数学思维。绗缝图案风靡全球，伊斯兰艺术因其复杂的几何设计而享誉天下。芒德布罗集（Mandelbrot set）是一种引人注目的几何图案，无论放大多少倍，你都能感受到一种极其相似的美感。20 世纪 80年代，个人计算机性能已经强大到可以将这种图案设为屏保，自此之后，芒德布罗集很快就吸引了人们的眼球，激发了公众的想象力。

这种感官可以直接感受到的数学之美，很像大自然带给我们的感觉，你会像漫步在美丽的森林当中一样快乐。你会对那些映入眼帘的、井然有序、遵循规律的事物产生敬佩之感，开始关注那些不易察觉的细节。你的灵魂得到了抚慰，逐渐平静下来。如果你曾经到访巴黎的圣礼拜堂，看到阳光经由五彩斑斓的玻璃倾泻而入，沐浴在各种光怪陆离又层次分明的光斑之中，你就会明白我在说什么。建筑和音乐可将数学具象化，给人身临其境的感觉，所以这种美感相当强烈。每当沉醉在弗兰克·法里斯（Frank Farris）那些利用花结图案（见下图）阐释施泰纳推论的艺术作品里时，我都会有这种感受。你从对称的图案、平滑的曲线、巧妙的角度中获取"感官之美"时，实际上不就是在体验蕴藏于自然世界中的抽象代数、微积分和几何学吗？

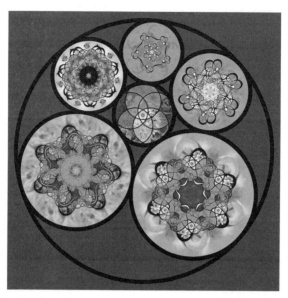

数学家弗兰克·法里斯运用复分析的方法，创造出了这种以花结图案为主题的艺术形式。这组图是施泰纳推论的一个实例。施泰纳推论主要研究的问题是：给定两个圆，看看在这两个圆中，什么情况下可以存在一组首尾相连的圆链，链中每个圆都同时和两个给定圆相切，就像上图一样。其中组成圆链的那些圆中填满了玫瑰花结图案，而这些玫瑰花结图案的颜色则来自最中间的圆中的花卉拼图（虽然原版图片是彩色的，但即便以黑白色彩呈现，这幅图仍是如此引人注目）

　　这种感觉可以解释为什么数学之美常常会涉及"有序"和"简明"这两个因素，因为它们让人感到万物和谐、心神宁静，给人带来灵魂上的安谧。由此可见，虽然"感官之美"是数学之美中最容易感受到的一种美，但它的深度和内涵却并不简单。即便你不懂任何数学知识，也能感受到这种美，因为它的存在本身就可以博人青睐。请珍视"感官之美"，在它的引领下，你将逐渐学会以数学探索者的眼光来感知世界。

　　我将第二种数学之美称为"惊奇之美"，其中惊奇可以具体分为两种感觉：惊，指的是看到叹为观止的事物时，心中产生的崇敬和惊叹；奇，指的是心中产生的好奇，这会使我们陷入沉思，感到疑惑，开始提问。感官之美通常会涉及真实事物，而惊奇之美通常会引发一场思想对话。

惊奇之美有时会伴随感官之美而产生。看到一个漂亮的几何图案，你可能会想知道这种图案是怎么形成的。听到一段振奋人心的和声，你可能会想知道为什么这段音乐如此慷慨激昂。"怎么"和"为什么"都会引发你和数学之间的思想对话。刚才你欣赏法里斯的那幅艺术作品时，是不是就在猜测这种绚丽的图案到底是怎么画出来的？即便不知道答案，你仍然可以体验到惊奇之美。

惊奇之美有时也会独立于感官之美而产生。数学家在等式中发现了美（比如 $E=mc^2$），其实并不是在欣赏等式的书写形式，而是在欣赏等式中包含的思想，在思索能量和质量之间转换关系的奥妙，在赞叹少许的质量居然可以等于庞大的能量。如果你觉得下面这个公式很美：

$$e^{\pi i} + 1 = 0,$$

可能是因为你找不到明显的理由去解释，为什么全宇宙最重要的 5 个常数竟然会出现在同一个等式当中。这种不同寻常、出人意料的事物，正是哈代提到的数学之美的基本元素，它可以给我们带来惊奇之美，因为出人意料的事物可以激发我们的好奇心，让我们开始思考"为什么"。

莫里茨·科内利斯·埃舍尔（M. C. Escher）是一位著名的荷兰视错觉艺术家，他那些充满了惊奇之美的作品总是能够引人注目，令人流连忘返。即便我们的视线早已离开，思绪通常还是会继续停留在他的那些画作之上，久久难以转移。他的作品中经常蕴含着各种数学概念，比如对称、无限，同时还会尝试模糊掉不同参考系的界限，借此来诠释各种主题。他喜欢绘制各种现实中不可能存在的场景，比如1953 年的《相对性》、1961 年的《瀑布》，这两幅作品都具有一种奇妙的特性，具体表现为它们兼具局部可能性（在小范围内观察，一切都合情合理）和整体不可能性（从整体上观察，现实中不可能存在这种场景）。惊奇之美常常能够在观察者和数学之间引发一场思想对话，埃舍尔的作品便是一个典型的例子。

1963 年，数学家斯塔尼斯拉夫·乌拉姆（Stanislaw Ulam）出席了一场冗长枯燥的科学会议。根据马丁·加德纳的描述，当时发生了这样一件事：

> 为了打发时间，乌拉姆在纸上随手画了几组水平线和垂直线，勾勒出了一个网格。本来他打算在网格上演算一些和国际象棋相关的问题，不过他很快便改了主意，开始在网格中填写数字：网格正中心填 1，然后按照逆时针顺序，一圈又一圈地把自然数依次填进去。随后他漫无目的地用笔圈出了所有的素数。令他惊讶的是，这些素数似乎大量集中在某些直线附近，冥冥之中好像存在着某种不可思议的规律。[5]

后来大家发现，将这种螺旋填数的方法扩展到相当巨大的规模之后，这种规律依旧存在（自己试试吧！）。不过，直到我写下这些文字，这种规律仍然没有得到令人满意的解释。总之，惊奇之美有时会产生于游戏当中，乌拉姆的网格便是一个很好的例子。如果你也遇到了类似出人意料的规律，那你肯定会情不自禁地问上一句"为什么"。好奇之余，你还会心存敬畏。

乌拉姆螺旋（The Ulam spiral）。
那些素数（即网格中圈起来的数字）似乎大量集中在某些斜线附近

∞

第三种数学之美可以称为"感悟之美"，这是一种在理解过程中感受到的美。它和前两种数学之美有所不同：感官之美侧重于真实物体，惊奇之美侧重于思想上的火花，而感悟之美侧重于推理分析。对数学探索者来说，依靠逻辑分析得出正确推论是远远不够的，通常情况下还需要找到最佳的证明方法，比如那些形式最简明或者见解最深刻的方法。数学探索者们会用一个特殊的词语来形容这种感受，那就是"优雅"。保罗·埃尔什总是跟人们说，上帝手中有一本"天书"，上面记载了所有最优雅的数学定理证明方法。[6]

感悟之美依赖于优雅的推理分析，就像诗文之美依赖于遣词造句。因此，感悟之美拥有一个不同寻常的特点，那就是它在很大程度上取决于表达方式的选择。原本优雅、清晰的证明，如果表达方式欠妥，那别人也看不出这种优雅和清晰；但如果表达得当，它就可以像诗文一样触动灵魂，或是像一个讲得很棒、结局出人意料的笑话一样令人心情愉悦。感悟之美带来的那种感觉可以令数学探索者们甘之如饴。

悉尼歌剧院之所以能够成为世界上最具标志性的建筑之一，主要是因为它特殊的建筑风格：顶部的壳状结构，再加上周边的海港环境，很容易让人联想到扬帆远航的壮阔景象。至于顶部为什么会呈现这种样貌，则涉及一个和"感悟"相关的故事。歌剧院的设计方案来源于一场设计竞标。1957 年，约恩·乌松（Jørn Utzon）的方案成功中标，但他的方案最初比较潦草，其中关于壳状造型的部分有些含糊不清。随后他又针对壳状造型给出了几个不同的抛物线设计，但这些设计从实际施工的角度来看根本行不通。后来，尽管施工成本和屋顶设计这两个问题都没有确定下来，但迫于政治压力，歌剧院还是于 1958 年正式动工了。在施工过程中，屋顶设计又经历了数次更新，但建造成本问题还是没能解决，因为每一个壳状构造及表面铺设的瓷砖都需要与之对应的模具，数量实在过于庞大。此外，各个壳状构造之间的交界线到底该定于何处，也是一项极大的数学挑战。在 1961 年年底，乌松终于茅塞顿开。悉尼歌剧院的官网上记载了当时发生的事情：

> 乌松当时正在利用体积巨大的模型研究壳状结构的堆叠方式，以便腾出更多空间。突然之间他意识到，这些壳状结构看起来好像没有什么本质区别。之前他觉得每个壳状结构都不相同，而现在他激动地发现，它们其实具有极高的相似性，每个壳状结构都来源于一个单一、恒定的形式，比如球体的表面。

> 这种蕴含在"重复"当中的简明性和易用性立刻吸引了大家

的目光。

这意味着利用这种重复性极强的几何结构，大家可以预先设计好整个建筑形式。不仅如此，建筑外层的瓷砖也可以预先设计好整齐划一的图案。这个兼具单一性和统一性的发现，最终使悉尼歌剧院呈现出了如今人们眼中那独树一帜的建筑风格：从别具一格的拱形穹顶，万古长新、神似风帆的剪影造型，到美轮美奂、光彩照人的外饰瓷砖，无不令人沉醉其中……

对于这种至关重要的问题，无论以何种标准来看，它都是一项近乎完美的解决方案：它使建筑超越了单纯的风格——在这个例子中指贝壳外形——凝练成了一种可以永久流传下去的、广泛存在于各种球体中的几何思想。[7]

悉尼歌剧院

乌松那一瞬间的感悟，通常又被称为"啊哈！"时刻。在数学中，这就是模糊不清的事物忽然变得清晰明朗——比如找到了一个优雅的解，或者简明易懂的证明过程时，人们所体验到的那种顿悟的快感。随之而来的，便是看清事物全貌、一切都可以解释得通之后那种心潮澎湃、欣喜若狂之感。

数学中这种感悟之美，很像逛街时偶然发现了一件你从未想过你会有这种需要的商品，而它刚好能满足某种你从未意识到的需求；也像看悬疑电影时发现所有线索都能在结局中成功串到一起，从而完美揭示最终真相。此外，就像人们喜欢反复观看电影，寻找更多细节一样，数学探索者也喜欢回顾自己感悟出的论证，思考它的前因后果，思考它的具体应用，或者思考它会不会派生出新的结论。

有时我们脑海中会闪过一些并不优雅的答案，这种情况下我们不再激动兴奋，只会长松一口气——痛苦的折磨终于结束了。冗长乏味的论证通常显得很笨重，同时也很容易被人遗忘；也难怪论证的简明性和清晰性总能令人想到"美"这个概念。

人们常常会自发地分享那些具有感悟之美的趣题，下面这个蚂蚁问题便是某次数学会议上一个和我素不相识的人分享给大家的。

这道趣题存在一个相当优雅、简明的答案。当你亲自发现这种解法时，你就会经历一次前文提到的"啊哈！"时刻（如果需要提示，请参考列于本书最后的"解题思路与参考答案"）。

------ 原木上的蚂蚁 ------

现在有100只蚂蚁随机分布在一根原木上，原木从最左端到最右端共长1米，每只蚂蚁都只会朝着左端或右端前进，行进速度全部恒定不变，均为每分钟1米。两只蚂蚁相遇时，他们会彼此调头，然后继续以每分钟1米的速度朝着两端走下去。若是有蚂蚁成功走到了原

木的最左端或最右端，它就会掉下去。最终，在某一时刻之后，所有蚂蚁都会掉下原木。

请问：考虑每一种可能的初始状况，为了确保原木之上不再有任何蚂蚁，你需要等待的最长时间是多少？

∞

感悟之美有时会出现于电光石火之间，有时也会随着时间的推移慢慢显现出来。在刚开始接触的时候，我根本看不到很多数学思想的美之所在，直到后来在各种不同场景中它们一遍又一遍地出现在我的眼前，我才逐渐有所感悟。对偶是各个数学领域中经常出现的一个主题，它指的是某些天然成对的数学概念，比如乘法与除法、正弦与余弦、并集与交集、点与线等等。为了理解对偶，我们可以想象一面镜子：尽管我们会在镜子面前看到两个相貌有细微差别、举止有些许不同的生物，但它们实际上就是同一个生命体。起初我对对偶这种概念有些不以为意，直到后来在不同情景中屡次遇到对偶现象，我才逐渐感悟到它的美。

∞

数学之美最极致的体验，在于"超越之美"。虽说超越之美可以放大感官之美、惊奇之美、感悟之美，或是被这三种美所放大，但实际上超越之美远远超出了这三种美的范畴。通常来说，我们会在目光从某个具体事物、思想、推理过程转向某种更普遍的真理时体验到超越之美——比如领会到了某项数学成果背后的深刻意义时，或者发现了这种成果和其他已知数学思想之间的密切关联时。若是能够切身体验到超越之美，你就会产生一种深深的敬畏感，甚至会产生感恩之情。数学家乔丹·艾伦伯格（Jordan Ellenberg）在《魔鬼数学》（*How Not to Be Wrong*）一书中是如此描述这种感觉的：

> 事实上，数学中的顿悟（突然之间对当前发生的事有了清晰通彻的理解）具有一定的特殊性，因为生活的其他方面几乎不可能给你带来类似的感觉。一旦产生这种顿悟，我们就会觉得自己已经触及宇宙的本质，马上就要揭开某个惊天的秘密，但这种感觉只可意会，不可言传。[8]

很多数学探索者会在这个形而上的问题中体会到这种超越之美：为什么数学在解释世界方面具有如此强大的力量？阿尔伯特·爱因斯坦曾发出过这样的疑问："数学毕竟只是一种独立于经验而存在的、经人类思想活动而形成的产物，它怎么会和现实事物吻合得如此精妙？这是不是说，哪怕没有任何经验，人类仅凭逻辑推理也能理解真实事物的属性？"[9]他借这些文字表达了自己在体验到超越之美时所产生的敬畏之情。我们在品味他的话语时，其实也是在体验超越之美。

在某些可以将两个不同领域关联在一起的理论中，数学探索者们也会发现类似的超越性，有时短短几个字便可以让我们感受到这一点。"魔群月光猜想"（Monstrous moonshine）是一个相当奇特的名字，它指的是 20 世纪 70 年代末期，科学家们在数论和被称为"大魔群"的巨大对称结构之间发现的某种出人意料的关联性。[10]这种出人意料具体表现为，数论里面一个重要函数当中的某些系数，居然同时以大魔群的重要维数之和的形式出现。1992 年，理查德·博赫兹（Richard

Borcherds）成功证明，猜想中的关联性的确存在，更令人惊讶的是，它们均与弦理论有关！这项研究成果最终帮他赢得了菲尔兹奖。在随后的采访中他表示，获得这项荣誉并不像当初解决问题时那样令人兴奋。他如此描述了自己的感受："成功证明月光猜想的一刹那，我的'喜月'之情简直难以言表。当时我就想，如果证明过程真的没错，那么那种兴奋感还能再持续好几天。有时我会想，这会不会就是嗑药之后那种神魂颠倒的感觉？当然我并不知道答案，毕竟我没有亲身体验过。"[11]

人们可以在不同程度上，从感官之美、惊奇之美、感悟之美中体验到数学的超越之美，所以这种体验不是一种非此即彼的"能不能"的问题。当雄伟建筑带来的感官上的几何之美直击我们的灵魂时，当我们看到一个简单的概念居然能够以不同形式同时出现在不同数学领域时，当我们发现某个优雅的证明可以推广到更多情况之中时，我们都会或多或少地感受到超越之美。

我们在世界中发现的那些超越之美，会给我们带来这样一种感受：在不为人知的地方，一定还有某些尚未被发现的、超越了我们当前认知的事物，它们可能代表了宇宙的终极意义。C.S. 刘易斯曾将美的至高体验形容为"我们未曾发现过的花朵的芬芳，我们未曾聆听过的旋律的回响，我们未曾踏访过的国度的传闻"。[12] 同样，数学也可以给人带来超越感。当你看到同一个美丽的思想盛开于各个领域时，你会开始思考，它是不是指向了某个尚未掌握的、更深层次的真理；当你意识到你和另一个人有着完全相同的数学思想时——无论将你们隔开的是地理、文明，还是时代——你会开始相信，你们触摸到的是某种放之四海而皆准、不受时间和空间束缚的永恒之物。有种神秘的声音在我们耳旁窃窃低语，呼唤着我们去探索发现，去找到它们。

∞

　　无论我们追寻的是哪一种美，它都可以帮我们养成深度思考的良好习惯，培养我们对美好事物的感恩之心、对超然之物的敬畏之心。之前在内华达山脉那次为期五天的徒步旅行，让我有时间有机会感受到荒野之地异乎寻常的美。当时是 7 月中旬，草地上结满了冰碴儿，踩在上面嘎吱作响，面前是一片闪闪发光的壮丽景色。我意识到我可能是这片土地上的第一名旅客。这一切的一切，让我产生了深深的感激和敬畏。对数学之美的不懈追求，不仅能够以独特的方式帮助我们养成上述品格，还可以激励数学探索者们在数学之路上不断地学习进步。就像我在内华达山脉徒步旅行的经历一样，对数学之美的不懈追寻不仅可以引领你走进独一无二的"世外仙境"，还可以让你以前所未有的方式洞彻事理。花上一些时间进行深度思考，可以让我们在学习数学的时候更加游刃有余，让我们在处理新信息的时候更加从容不迫。在当今这个数字化时代，我们每天都会遭受各种信息的狂轰滥炸，每天都会面临太多令人分心的事物，我们比以往任何时候都更加需要深度思考的空间。

　　习惯于欣赏数学当中的超越之美之后，我们会获得总结归纳的能力，它可以帮助我们在意想不到的地方发现普遍适用的规律。学习新定理时，我总会思考，是什么赋予了该定理如此强大的力量？它的基本原理是什么？如何才能让它适用于更广泛的情况？这种思考习惯可以延续到生活的各个方面。我按照新菜谱炒菜时常会思考这样一个问题：我能不能从这个菜谱中归纳出某种基本原则？比方说，无论做什么菜都要先放大蒜和洋葱碎，最后再放罗勒，否则它会变色。经常总结做菜的基本原则，习惯之后你就可以随心所欲地创作新菜品了。

∞

如果数学可以促进人类繁荣，那么我们所有人都可以在掌握数学之美的过程中有所收获。不过，美的形式多种多样，我们可以利用这些美——比如艺术、音乐、图案、精美的工艺品、严谨的论证、简明深刻且优雅的思想，以及这些思想在现实生活不同领域中的巧妙应用——来激励自己去学习数学。

想要把这些美的事物和数学关联起来，你首先要分辨出它们在生活中表现出了哪种美，是感官之美，是惊奇之美，还是感悟之美？聆听它们背后的故事，你便能从这些不同种类的美中找出它们和数学相关的一面。

不幸的是，倘若教学方式不当，人们便很难感受到数学之美。把数学看作一堆毫无意义、毫无见解的死板规则，看作一系列无穷无尽的、永远枯燥乏味的重复性问题，必然会削弱自己的学习欲望。最近，我在某家主流报纸的专栏文章中看到这样一种呼吁，"请务必让你的女儿学习数学，她将来会感谢你的"。[13] 可是这篇专栏文章自始至终没告诉各位父母如何才能把数学教好，好让他们的女儿现在就能感谢自己。其实，如果你能给孩子提供一些好玩有趣的问题，让她在无比优雅、出人意料的答案中看到数学美的一面，就可以很容易地激发她的学习热情。这些问题可以把枯燥乏味的数学练习变成令人兴奋的探索冒险，在尝过甜头、感受过数学中的真善美之后，她们会自然而然地想要一次又一次地重复这种经历。

这是因为，在体验过那些激动人心的美丽事物之后，我们必然会渴求更多的美。在数学之美给人类带来的所有美德中，"对美的倾向"可能是最重要的一个。就像你读到了一本好书时，自然会想要阅读这位作者的其他大作；就像你学到了一个新词时，自然会想要尽可能地把它放进各种句子当中；就像你感受到了运动带来的快乐以后，自然会想要每天坚持锻炼。

对数学之美的倾向，是一个人能够执着于数学的核心动力。无论问题有多难，你都不会轻言放弃，因为你知道，每次在数学之路上遇到新的挑战，都意味着你再一次拥有了欣赏美的机会。

这次的问题非常经典，我觉得你很可能会乐在其中，毕竟很多人都觉得它的答案异常优雅。

想象一个 8×8 的棋盘，其中布满了正方形格子。现在你手里有一堆 1×2 的多米诺骨牌，每张骨牌都刚好可以覆盖棋牌上两个相邻的正方形格子。骨牌不允许叠加，也不许越过棋盘边界。如果在这种情况下仍旧可以用骨牌填满棋盘，我们就将这种情况称为"平铺"。

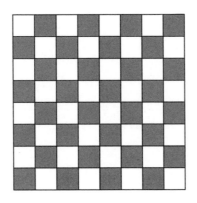

假如我们移除了位于某条对角线尽头的两个正方形格子，这种情况下还能用上面的骨牌平铺棋盘吗？（注意此时已经去掉了两个边角。）如果可以，请展示出平铺方法；如果不行，请说明原因。

克里斯托弗在下面的信中给出了问题的答案，所以如果你不想被剧透，可以跳过书信的第一段内容。此外，下面还有更多拓展问题等待你去探索。

• 假如被移除的两个正方形格子在其他位置，那么哪些情况下可以用上述骨牌平铺？

- 在 7×7 的棋盘中，每个格子上都有一匹马。这种情况下，可以让每匹马同时踏出符合国际象棋规则的一步吗？（对马这种棋子来说，符合规则指的是在某次落子中，它在某个方向上踏出了一格的距离，同时在另一个方向上踏出了两格的距离。）

- 在 4×7 的棋盘中，你能否同时使用 7 个不同的俄罗斯方块（4 个小格子一共可以拼接出 7 种图案）实现平铺？

- 考虑一个由 512 个小立方体组成的 8×8×8 的大立方体。假如我们移除了位于某条对角线尽头的两个小立方体，你能否用 1×1×3 的长方体平铺剩余部分？

弗朗西斯教授，您好：

希望您最近一切顺利。我觉得我已经找到了谜题的答案，那就是调整过的棋盘不可能实现平铺。理由如下：无论以何种方式平铺棋盘，每张骨牌都必须同时覆盖一个黑格子和一个白格子。然而，每条对角线上的两个格子都是一样的颜色。换句话说，调整过后的棋盘必然会多出两个黑格子，或是多出两个白格子。此外，同色格子总是处于斜线之上，它们不可能被一张骨牌所覆盖。调整之后，每次都需要同时覆盖30个黑格子（或白格子）和32个白格子（或黑格子），于是多出来那两个白格子（或黑格子）便无法被覆盖到。希望我给出的理由已经足够充分。其实我很讨厌给出这种"不可能"的答案，因为这让我感觉自己好像莫名其妙地就认输（放弃）了。

既然您建议我早点学习线性代数，那我忙完手头这个课程就去研究它。我记得某段摘录里提到过一本书，作者在书中用非线性方程描述了现实世界，还提到了爱因斯坦的研究成果。我还记得某本书里提到过，很早的时候古希腊人就知道欧氏几何无法精确描述现实世界。接下来我的任务就是阅读手中和线性代数相关的图书：它们一共有3本，虽然其中的一本多达505页，涉及2400多个证明问题，但我决不会轻易放弃的。

拓扑学是一个相当有趣的学科，尽管它无比抽象。目前我的拓扑学习进度，应该算是还停留在入门阶段吧（具体来说我在学点集拓扑学，作者在序言中将其称为一般拓扑学），所以我还没学到多少和形变相关的知识。目前我遇到的拓扑概念主要包括拓扑空间、分离公理、紧化、单值化。现在我正在学习"连续性"这一章……

您是怎么判断自己给出的证明、实例到底好不好的？之所以这样问，是因为我在重温之前那本严谨工整的微积分教材时，顺带写了一个关于"为什么R^3中的立方体是一个正规环"的证明。我感觉这次的证明比之前那次要好很多，因为我学到了很多拓扑证明方法。您觉得会不会存在这种情况，就是同一个证明题在数学领域A中的证明难度要小于它在数学领域B中的证明难度？到目前为止，我认为我最感兴趣的领域是数学分析、数论、计算理论等。现在我手头有好几本计算理论方面的书，但数学分析方面的书只有一本，而数论方面的教材则一本也没有。尽管如此，从我读过的那些涉及数论的内容来看，我认为它肯定是一个相当有趣的领域。

克里斯

2018 年 2 月 2 日

5 6 7

永恒

———

每经历一次纯粹的思考，都会有一些永恒的、实质的东西嵌入我们的灵魂。

———伯恩哈德·黎曼

（Bernhard Riemann）

我感觉自己好像被准许进入了某个之前完全看不到的隐形世界。无论是当时还是现在，我都一直深深着迷于数学的魔力，都一直想弄清数学怎么能够如此精妙地和我们身旁的世界交织在一起。

———泰-达娜·布拉德利

（Tai-Danae Bradley）

我的衣柜里有一件法兰绒衬衫。它那树叶般翠绿的颜色，总能让我想起我最喜欢的几次森林漫步。它是一件用途十分广泛的衬衫，我可以随时把它抓来穿到身上，以应对各种各样的场合——无论是山中徒步，朋友聚会，还是和室友彻夜长谈，大谈人生的意义，它都可以胜任——就像安全毯一样，它那暖融融的羊毛纤维可以让我感到一种慰藉。虽然它现在有些磨损，上面布满了岁月的痕迹，但同时它也承载了我太多的回忆，我实在无法忍痛将其抛弃。上面的每一条磨痕、每一块凸起都在跟我细细低语，向我讲述着昔日的故事。我们都希望

生活中能有一些固定不变、可以依赖的东西，这件衬衫陪伴我走过了各种风风雨雨，我决不会丢弃它。

这件值得信赖的法兰绒衬衫代表着某种永恒。

∞

永恒是人类心中普遍存在的一种渴求。我们希望美和爱是永恒的。我们还会寻求生命的永恒，或者至少尽可能地延缓死亡。此外，我们不是一直都在颂扬"耐久"这种美德吗？我们不是一直都在承诺爱情恒久吗？除此之外，我们还会留下一辈传一辈的遗产，还会希望自己做出一番成就，然后凭借这些成就（不包括我们自己身体方面的成就）永垂不朽。另外，对生育的渴求从某种意义上来说也算是对永恒的渴求。

数学中也存在对永恒的渴求。数学探索者们十分关心那些永不改变的事物。

我们都喜欢常数。常数这个词通常用于描述某些意义重大且固定不变的数字，比如黄金分割率、自然常数 e、圆周率 π。π 之所以会令大家着迷，部分原因在于，除了和圆相关的几何学，它还会出现在其他多种场合，有些场合甚至远远超出了人们的预料。比如对平方数的倒数求和：

$$1/1^2+1/2^2+1/3^2+\cdots=\pi^2/6$$

此外，在正态分布的面积公式中，在海森堡不确定性原理中，我们都可以看到 π 的身影。由此可见，π 的应用范围好像广袤无边——

神秘又代表了某种永恒。毫无疑问，无论在时间长河的哪个节点，无论在浩瀚宇宙的哪个角落，π 都是一个相当重要的常数。怪不得有这么多人想要背下它的各位数字，或是在其中寻找规律，试图彻底掌握它高深莫测的本质。

我们还会寻求各种不变量，即运算或操作过程中保持不变的量。例如，无论我用 5 乘以哪个数字，都不会改变这个数字的奇偶性。无论我怎样旋转一个三维几何体，都不会改变它的体积。不变量可以帮助我们理解运算或操作本身的某些特性。例如，通过分析那些旋转过程中保持不变的东西，我可以掌握旋转过程的某些性质：旋转所围绕的轴固定不变，这是旋转的重要特性之一。此外，还原魔方的关键在于，每次旋转魔方时都要留意有哪些色块不随着你的旋转而改变。在物理系统的数学模型中，我们常会见到"守恒定律"的概念，它指的是不随系统演化而改变的物理量，例如两辆汽车相撞时的总动量。每次开始认知新事物时，不变量都是一个值得信赖的"得力助手"。

不变量可以帮我们判断哪些事情是可能的，哪些事情是不可能的。例如上一章结尾，我给大家留了一个谜题：去掉对角线末端的两个格子之后，剩余的棋盘还能被骨牌平铺吗？想要让这道经典题目变得更加容易，我们可以寻找某些不变量：每次放置骨牌时，留意那些固定不变的东西。（剧透警告：如果你不想看到答案，请直接跳到下一段。）请注意，骨牌每次都会同时覆盖一个黑格子和一个白格子，因此无论你放置多少张骨牌，被覆盖的黑格子的数量总会等于被覆盖的白格子的数量。这种数量上的恒等关系就是一个不变量，它给了我们以下启发：如果你从对角位置上移走了两个颜色相同的格子，那么棋盘上黑格子和白格子的数量便不再相等，所以答案就是你无法用骨牌平铺剩余的棋盘。

很多数学概念的名称也可以从侧面反映数学家们对"永恒"的兴趣，比如稳定集、收敛性、平衡态、极限、不动点。

数学思想自身也蕴含着令人着迷、精美绝伦的永恒性。在自然科学当中，我们研究的是各种自然定律，通常会以观察到的客观经验为基础，总结出在各种情况下都成立的事实和规律。[1]不过随着新知识的出现，某些规律和事实可能会被推翻。而在数学当中，我们研究的是定理，建立在证明过程之上的数学定理永远都不会被推翻。无论何时，无论何地，数学定理的正确性永不改变。

这种永恒性是数学所独有的。1921年，美国数学协会会长戴维·尤金·史密斯（David Eugene Smith）于致词中对数学定律的永恒性做出了如下描述：

> 尽管波斯人和米底人认为自己定下的法律永恒不朽，但如今这些条文早已消失殆尽；几千年来一直约束着古埃及人日常行为的道德准则，如今也变成了保存于博物馆中的古典文献中的只言片语；曾在法律界占据统治地位的古罗马法律体系，如今也早已被现代法规所取代；哪怕是那些我们在当今社会搭建好的法律框架，未来肯定也会发生改变。但是，在这万般变化的过程当中，有一件事永远不会出错，它在当今正确，在未来也必然正确，无论地球变成什么模样，无论是在当前的现实时空，还是在虚构的平面国，它都是放之四海而皆准的代数真理，它就是 $(a+b)^2 = a^2 + 2ab + b^2$。……

> 很多化学知识在我小时候刚学的时候感觉非常正确，结果放在今天来看有很多都是错的。当初学到的分子物理知识现在看起来就像儿童故事，虽然有趣但略显幼稚。我们学到的历史虽然在

很大程度上真实可信，但细节上必然漏洞百出。因此，在我们掌握的所有知识当中，只有数学能够完美诠释"定理"永恒不朽的特性，只有数学才能真正做到"昨日，今日，直至永远"，除此之外别无他物。[2]

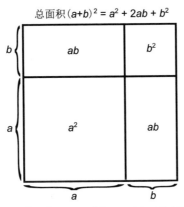

总面积 $(a+b)^2 = a^2 + 2ab + b^2$

$(a+b)^2 = a^2 + 2ab + b^2$ 的"无字证明"过程。
虽然史密斯演讲时没有提到这个证明方法，但我还是情不自禁地想和大家分享一下

我们为何要追寻永恒呢？

我们之所以追寻永恒，是因为永恒能够给人类带来安全感，这种稳定性可以为心灵搭建一个港湾。我留着那件法兰绒衬衫，是因为我可以随时从中找到熟悉的感觉，它能带给我家一般的温暖。我会做出各种承诺，比如在婚姻中许下誓言，不是因为恪守承诺很简单，而是因为它很困难。我给出了誓言，我的妻子就有了安全感，有了可以依赖的允诺，反之亦然。无论人生如何起伏跌宕，永恒总能让人倍感舒适。

数学中的永恒也可以给人类带来类似的感觉。我们可以在万古长新的谜题中获得快乐，这种快乐会使我们全神贯注，忘却烦恼。在创

造性的解题过程中锻炼思维，会使我们精神振奋，让思绪焕然一新。热爱数学科普工作的莫里斯·克莱因（Morris Kline）曾于《写给非数学家的数学》（*Mathematics for the Nonmathematician*）一书中，对数学给人们带来的舒适和安逸做出了如下描述：

> 数学问题的探索过程妙趣无穷，引人入胜。这种过程可以让人们精神专注，在无尽的挑战中获取片刻宁静，在繁忙的日常生活中偷得片刻空闲，把人们带进一个没有硝烟的战场，在五彩缤纷的奇异世界中不断穿行，感受连绵不绝的永恒之峰给人带来的强烈震撼。[3]

1941 年珍珠港事件后，美国约有 12 万名日裔美国人被剥夺了家园和财产，并重新安置到拘留营中。营中生活条件十分艰苦，连基本的家具都没有，他们不得不用废弃的木材和金属亲手制作一些替代品。后来，这种以篆刻、雕塑、绘画、艺术创作、手工艺品为核心主题的生活方式被人们称为"我慢"——这是一个日语单词，发音为 gaman，意为"凭借尊严和耐性，去忍受常人所不能忍受之事"。

"我慢艺术展"展示了由营中这些普通男女制作的非凡工艺品。[4] 在众多工艺品中，你会发现一个由松本龟太郎为孩子们创作的手绘木制滑块游戏，该几何游戏（见下图）的具体玩法是：不断移动其中的木块，帮助年轻女子（最大的方形滑块）逃离父母以及父母雇用的工人（长条状滑块）的追逐，同时还要躲避四个爱慕者（小方形滑块）的围追堵截，最终从缺口（位于底部最中间）离开框架。这个游戏似乎是某个流行于 20 世纪 30 年代的游戏的变体，在日本又被称为箱入娘（Hakoiri musume），在法国被称为 L'âne rouge（意为红色的驴子），在中国被称为华容道。每个版本中的角色都有所变化。目前大家已经求出游戏最少步数为 81。[5]

松本龟太郎制作的滑块游戏，左侧为游戏初始状态，右侧为游戏结束状态。
图片由市川真也提供，滑块游戏由让·松本、爱丽丝·安藤提供

无论是滑块游戏的创作过程还是解谜过程，其中涉及的数学思考对人们来说都是一座心灵的庇护所，都是"我慢"生活态度的一种承载形式。这无疑是"于绝境中绽放"的真实写照。

我们追寻永恒还有一个原因，那就是永恒可以看成记录生命重要节点的一把标尺。我那件法兰绒衬衫现在已经有了不少伤痕和小污点，它们记录着我生命中的许多事件和回忆。它再也不是以前那件衬衫，我也不再是以前那个我。我 20 岁时，它宽松舒适；现在穿上以后，它在某些地方显得紧绷了很多。所以我每次穿上它时，它在我眼里都会有所不同，松紧程度也会有所变化。每次的不同和变化对我来说都有很大的意义，因为我可以借由它们记录自己的人生。

同样，虽然定理的正确性永恒不变，但我每次遇到它都会有新的收获。第一次遇到它时，我绞尽脑汁想要抓住它的本质，此时它就像

一头愤怒的熊。下一次再遇到它，我可能已经有所领悟，此时它就像一只被驯服的狮子。几年之后我再遇到它，我会觉得它是一只友善的小狗，它和附近的小狗（我所掌握的其他真理）相处都很融洽。定理是一把永不磨灭的标尺，我可以用它衡量自己的进步，记录自己的奋斗和成功。过去你觉得很难理解的那些数学概念，如今可能变成了熟稔于心的得力工具。对数学探索者来说，每个定理都是一次次探险过程的宝贵回忆，正是这些值得怀念的回忆一步一步拓展了一个人的各项能力。

我们追寻永恒的第三个原因，就是它可以成为值得信赖的立足点。攀登嶙峋的峭壁时，我必须知道哪里可以落脚。我当然不会把脚踩在松软的沙质棱角上，我需要的是牢固的岩石。同样，到一个陌生的地方时，我会寻找地标建筑，或是其他不会变化的、可以用来导航的东西，就像几个世纪以来人们一直依靠天上固定不变的恒星寻找方向一样。每次伸手去拿那件法兰绒衬衫时，我都把它当作一件值得信赖、固定不变的百搭衣物，然后围绕它来挑选其余穿戴。

在数学中，当我们想要证明某个命题时，公理、定义、定理通常就是我们的"立足点"。古希腊数学家欧几里得因专著《几何原本》（完成于公元前 300 年左右）而闻名天下，这套书从某些不证自明的公理和公设出发，通过缜密的逻辑推理，系统地把各种几何结论整理到了一起。不过，欧几里得那些公理并不是组织几何语言的唯一凭据，数学家大卫·希尔伯特（David Hilbert）就曾于 1899 年选择了另一套几何公理。攀登悬崖峭壁的方式有很多种，欧几里得和希尔伯特只不过是在出发时选择了不同的立足点。后来公理系统也逐渐被应用到了其他数学领域。普通的数学探索者很少会遇到需要使用公理的情况，因为绝大多数人已经处在峭壁之上，正在一步一步地向上爬。不过，知道脚下的路是从哪里来的，总归是一件令人安心的事。

此外，一个全新数学理论的建立，通常必须以某些初始公设或已有定义为前提。例如爱因斯坦于1905年首次提出的狭义相对论，就是以两个基本假设作为出发点：对所有处于非加速状态的观察者来说，物理定律和光速皆恒定不变。这种不变性假设帮助爱因斯坦得出了相当重要的结论，那就是长度、质量、时间这些物理量全部取决于观察者处于怎样一个参考系。尽管这是一个无比怪诞的数学结论，但如今它已被实验证实。

如果说公理是靠近地面的立足点，那定理就是分布在峭壁上面的立足点，而那些用途最为广泛的定理简直就像大型观景台，站在上面你可以小憩片刻，欣赏美景，也可以俯视四方，进退自如。定理为我们总结了关键结论，为各种应用奠定了基础。中心极限定理就是一个很好的例子，作为一个概率学结论，它描述了一个惊人的现象：当你从某个整体中抽取一个足够大的随机样本，试图测量该整体中某项数据的分布情况时（比如以百分比衡量的药效），你会发现，无论该未知整体中这项数据分布情况如何，它的样本均值都会呈现正态分布。中心极限定理是很多统计应用的基础，比如计算总体平均值的置信区间，或者判断一个测试结果的可靠程度是否足以让我们得出最终结论（比如判断某种药物的效果是否强于安慰剂）。

∞

由此可见，我们之所以追寻永恒，是因为它是心灵的港湾，是人生的标尺，是可以依靠的立足点。但这些还不足以说明为什么人对永恒的渴求如此根深蒂固。

人的每种渴求都涉及一个与之对应的、具有终极意义的问题。如果渴求爱与被爱，你就会沉迷于"我可爱吗？"这个问题；如果渴求美的东西，你就会不断问自己"什么东西可以称为'好'？"；如果渴求游戏，你的内心就已经承认了这样一个富有哲理的观点：生活比工作更重要。对永恒这种渴求来说，它的核心问题就是人们的内心有一种未被满足的需求。

我可以信任什么人、什么事？

没错，人们之所以渴求永恒，本质上是因为人们需要信任。我寻求心灵港湾，是因为我需要一个值得信任的绝对安全的藏身之所。我需要标尺，是因为我坚信它绝不会发生变化。我敢踩在立足点上，是因为我坚信它可以安全地支撑我。

就在我写下这些文字的时候，美国已经成为一个深陷信任危机的国家。所有人都在思考：我可以信任一个世界观和我大相径庭的人吗？我可以信任我们的政治领导人吗？我可以信任媒体吗？我们的家人分不清新闻的真假，在重重疑云之中，很多人早已放弃了分辨。党派斗争导致了知识安全性的缺失，因为人们心里明白，自己所能获取的那些知识根本没有确凿的事实基础，所以干脆选择了放弃。乔治·奥威尔在他的反乌托邦小说《1984》中，如此描述了一个极权（"党"）统治下的、利用各种政治宣传和欺骗手段来操纵群众的世界：

> 终有一天，党会宣布二加二等于五，你必须相信它就是事实。党迟早会这样宣布的，这完全无法避免。这种逻辑推理完全符合党的需求。他们的哲学的存在目的，不仅是为了否认经验的可靠性，更是为了否认客观真理的存在。异端邪说，反倒成了常

识。你若不那样认为，他们便会杀死你。这固然可怕，但更可怕的是，他们的话可能是对的。[6]

蕴含在数学当中的永恒性，可以让我们对各种数学推理过程保持坚信不疑的态度。信任理性，乃是一种由承认数学的永恒性所培养的品格。昨天行之有效的观点，放到今天同样颠扑不破。通过深度分析、缜密推理，我们确立了不可动摇的真理。因此，奥威尔会选择一个数学谬论作为"党"强迫群众相信的内容，也就不足为奇了。生活中我们遇到的大部分知识都会涉及视角、不确定性、错误、信息不全等问题，所以这些知识会经历各种修订和完善。但数学真理不一样，它绝不可能会被推翻。虽然它们的诠释方式可能会有所改变，重要程度可能会有所褪色，但它们一直都会是绝对正确的真理：从昨日，到今日，直至永远。

对奥威尔来说，一个人所能面临的最恐怖、最荒诞的事情，就是当数学真理——客观事实的存在——不再永恒时，我们会彻底失去值得信赖的立足点、衡量人生的标尺，以及心灵的港湾。

------ 鞋带计时谜题 ------

现在你的面前有一根鞋带、一些火柴、一把剪子。无论从哪一端点燃，鞋带都会像引信一样燃烧起来，燃烧时间刚好为 60 分钟整。整根鞋带具有严格的对称性：距最左端 x 距离的某点，和距最右端 x 距离的某点必然具有相同的燃烧速率。在这些对称点之外，鞋带上任意两点的燃烧速率都不一定相同。

1. 求出你能精准计量的最短时间。(例如，你可以精准计量 30 分钟，只需同时点燃鞋带两端，等待火苗相遇即可。)

2. 如果你有两根完全相同的、符合上述条件的鞋带，此时可以精准计量的最短时间是多少？ *

---

* 这个问题是由理查德·赫斯提出的，见于 "Problem Department," ed. Clayton W. Dodge, *Pi Mu Epsilon Journal* 10, no. 10 (Spring 1999): 836。赫斯将这一创意归功于卡尔·莫里斯。

弗朗西斯先生，您好：

我是不是已经把数学当成了心灵的港湾？其实我在研习数学时，数学也在磨炼着我。我从数学当中学会了坚韧、耐心、谦逊。在寻找答案的过程中，我的推理越来越自信，我也越来越明白推理过程的重要性。虽然我在认真研习数学之前就已经拥有了这些品格，并对它们坚信不疑，但我发现，随着数学学习的不断深入，这些品格正在不断得到强化、巩固。所以没错，数学就是我心灵的港湾，我在监狱里一直都把它当作某种最重要的陪伴。

当我打开《上帝创造整数》(God Created the Integers)* 这本书，读到欧拉的四平方和定理，知道了每个正整数均可表示为 4 个整数的平方的和时；当我打开傅里叶《热的解析理论》开始苦思冥想，最终恍然大悟时；我都会产生这样一种感觉：我正在攀登古往今来人类理解力的顶峰，正在理解某种永恒的思想。只要宇宙不毁灭，2+2 就永远等于 4，三角形的内角和就永远都是……不管是多少吧，只要我们弄清了，它就永远不会改变。这种永恒性让我感觉自己和某个更广泛的、更强大的、更深刻的东西越来越近。那东西……或许就是真理。

克里斯

2018 年 9 月 9 日

---

* 《上帝创造整数》一书由史蒂芬·霍金编评，该书选取了数学史上数十篇里程碑式的论文，是克里斯最喜欢的数学著作之一。

6 7 8

真理

—

真相是什么？

——本丢·彼拉多

（Pontius Pilate）

如今这个时代，谎言当道，真理难寻。除非我们深爱真理，否则永远也弄不清它是什么。

——布莱兹·帕斯卡

"我们老师说你是被收养的。我之前居然都不知道。"

我自己也不知道啊。当时我正在读小学六年级，我朋友告诉我这件事以后，我开始认真思考自己到底是不是父母的亲生孩子。小道传闻很容易传遍整个小镇，大家很快就会知道一些连你自己都不知晓的秘密。在此之前，我只是有一点点怀疑。因为我觉得我和家人长得一点儿也不像，家里也没有一张我婴儿时期的照片。有时我甚至觉得事情已经露馅了——我还记得之前有个客人跟我说："你居然已经长这么大了！我还记得你父母刚领到你时的场景呢……"话还没说完，她脸

上就露出了那种不小心说错话的表情。

我朋友的说法好像真有几分道理，因为这的确能解释某些之前根本说不通的事情。我本来可以选择无视传言，假装什么都没发生，就像之前我只是有一点点猜疑时所做的那样。但不知怎的，听到朋友有板有眼地说起这件事，我动摇了。我决定查明真相。

∞

真相，或者说真理，是人类最基本的渴求。哪怕真相有可能会让我们产生不适，我们仍然想得到它。有时我们不愿意遵循这种渴求而行事，但即便如此，这种渴求也会一直盘桓在脑海之中，挥之不去。确认我的确是被收养的之后，即便我明知道找到亲生父母有可能让我知晓某些难以接受的残酷过往，我内心深处还是想要和他们见一面。不过事实上我等了好多年才终于有所行动。有时我们不愿意遵循内心对真相的渴求而行事，具体理由有很多，比如生活过于忙碌或事情难以掌控，我们会告诉自己："我现在没办法去管这个事。"我们选择生活在一个巨大的泡沫当中——但总有一天它会破灭。届时，我们是否能够从容以对？

在我看来，政治动荡正在让当今世界变得黑白颠倒；在虚假信息的充斥下，人们很容易被煽动挑拨，真相逐渐变得无关紧要。人们宁愿接受和自己世界观相符的赤裸裸的谎言，也不愿接受复杂的真相。人们生活在一个巨大的信息过滤气泡当中，它会自动帮我们屏蔽掉意见相左的东西，让我们在狭隘的偏见中故步自封。气泡之内传播的通常都是彻头彻尾的谎言，有时甚至是恶毒的观点。讽刺的是，那些把谎言当作强兵利器的群体，居然会在无形当中得到敌对群体的帮助，后者迄今为止一直在质疑客观真理的存在。彼拉多的那句反诘"真相是什么？"，彻底表现出了茫然不知所措的群众心中的恼怒。我的朋友们偶尔也会哀叹："想要弄明白到底发生了什么事也太难了吧！我又何必自寻烦恼呢？"每逢此时，我都能感受到他们和彼拉多一样绝望。

是啊，大家为什么要在意真相呢？如今真相还重要吗？我们真的要盲目信从权威，让他们去决定什么东西真实可信？我们不能自己去辨别真相吗？

真相是人类繁荣的标志。一个繁盛的社会必然重视真相，一个压迫剥削的社会必然会蒙蔽真相。想想那些操纵媒体、愚弄群众的政权吧。政治学家汉娜·阿伦特（Hannah Arendt）因对极权主义的研究而闻名于世。她在 1967 年的文章《真理与政治》中写下了这样一段话：

> 用谎言去持续地、永久地取代事实真相，其结果不是谎言被信奉为真理，真理被诋毁为谎言，而是我们把控自我、辨别人生方向的能力……会逐渐被摧毁。[1]

一旦迷失了人生方向，我们就不再那么在意真相，而且很容易被别人操纵。"何必自寻烦恼？"这就是答案。

掌握了数学思维，我们就能抽丝剥茧，弄清楚发生了什么，去"自寻烦恼"。数学探索者们非常注重深层知识和深入探究。

∞

虽然我一直在使用"真相"这个词，但不同的人可能对真相有不同的理解。在此我采用最常见的理解方式：真相就是一段真实可信的、符合现实的陈述。[2] 尽管这个定义回避了一系列哲学问题，比如"什么是'现实'？"，但本书在讨论真相时并不会涉及这么细节的东西。比如我说"天空是蓝色的"，这段用来形容物理世界的陈述就很容易得到验证。虽然这个真相可能有些主观，因为它取决于观测者怎样理解"蓝色"，但从某种意义上而言这段陈述的确和现实相符。如果非要追根究底的话，我们可以用光波的波长给"蓝色"加上一个更精准的定义。另外，如果我说"我是被领养的"，那么这就是一段历史陈述。尽管它不能像物理事实一样得到验证，但有很多重要证据可以表明它的真实性——如今我已通过多种不同渠道确认了被领养的事实。无论如何，历史真相只能有一个，我要么是被领养的，要么不是。真相建立在事实之上，不管我信不信，它都在那儿。

理解真相的过程中会存在很多复杂之处，我绝没有否认这一点，也没有否认我们对世界的解读会受到主观视角的影响——恰恰相反，我认为我们应该主动接纳真相的复杂性。当初我和亲生父母取得联系时，我不得不面对一个令人感到很不自在的问题：他们当初为什么放弃了我的抚养权？这个问题我问过很多人，每次得到的答案似乎都有一个共通的句式，"你的生母把你交给别人，是因为——"。我不得不通过多个视角来解读这句话，比如别人的视角（他们为什么这么说？），我的视角（听到这些话我自己有什么感受？），以及我亲生母亲的视角（她会做何解释呢？）。这些内容很复杂，而且解读的时候很容易受到主观意识的影响。尽管如此，综合分析之后，我还是把各种细节拼凑在一起，看到了完整的真相。如果我不愿意接纳隐藏在真相背后的那些复杂性，那我永远都看不清事情的全貌。

∞

对数学探索者来说，想要掌握真理，深刻理解是一个必不可少的环节。获得真理和深刻理解真理是两回事。比如说某位数学探索者正在计算 777 × 1144，她不会仅仅满足于得出一个答案：111888。她早已深刻理解了乘法的含义，可以利用自己的所学来检查答案是否符合逻辑，看看自己在使用计算器的时候是不是按错了某个键。她知道，答案的尾数（8）完全取决于相乘的两个数字的尾数的乘积（7 × 4 = 28），检查之后好像没什么问题。她还知道，既然相乘的两个数字一个大于 700，一个大于 1000，那么答案必然大于 700000。这么一看，答案有问题，肯定是某个环节出现了差错。由此可见，深刻理解知识，意味着你可以检查答案是否符合逻辑。每个人都会犯错，数学探索者也不例外，只不过数学探索者更容易发现错误。[1] 就像我们刚才说的那样，获得真理（刚才的例子中，我们得到了一个错误的计算结果）和深刻理解真理（由此我们便可以通过不同方式来检查答案）是两回事。

同样，对于那些较为高深的数学知识，我们必须以更深刻的方式来理解蕴含在其中的真理。正如数学家吉安-卡洛·罗塔（Gian-Carlo Rota）所言：

> 数学家们常常会在专业性的言论中提到一种非专业性的概
> 念，即蕴含于数学理论当中的"真理"，无论对哪一位数学老师

---

[1] 错误有时会帮助你发现更多东西。777 × 1144 的正确答案为 888888，是不是很有意思！111888 其实是 777 × 144 的答案，这也是一个值得注意的算式。为什么会出现这种有趣的答案呢？

而言，这些真理都是必须向学生传授的重要内容。和物理定律中的真理一样，数学中的这些真理还会涉及理论陈述和真实世界的一致性。所以说，在数学教学过程中，学生需要的东西和教师传授的东西，恰恰就是这种符合事实、贴合现实的真理，而不是那些流于形式的、把证明过程搞得像文字游戏一样的真理。想要成为一名优秀的数学教师，他必须知道如何才能向学生展现这种符合事实、贴合现实的真理光彩照人的一面，同时还要在训练过程中让学生扎扎实实地将这些真理牢记于心。[3]

如果你没有彻底掌握蕴含于定理中的真理就去摆弄那些证明过程，那你一不小心就会误入歧途。当我试图解开一个自己并不理解的问题时，我常常会一个接一个地列出一大串逻辑证明，但最后的结论总是漏洞百出。证明过程一定有误，可我不知道错在哪里，因为我根本没有掌握蕴藏在这个问题当中的真理。多次经历这种困惑以后，我终于意识到了深刻理解事物的重要性。数学探索者绝不会满足于那些浅层次的知识。

∞

对数学探索者来说，深入探究真理是一种习惯。想要真正理解真理，就必须深入探究真理的不同层面——通过各个不同视角看清真理的全貌。数学探索者追寻真理各种不同的认知方式，不只是为了检验自己的工作成果，更是为了深刻理解各个真理之间的协调与统一。为此，他们会分析大量案例，以便对眼前事物有一个直观的了解；他们会像科学家一样进行各种实验，以便找出证明猜想的证据，或否证猜想的反例；他们还会通过不同方式去证明同一个定理。想要在脑海中对真理形成正确的概念，我们就不得不面临这样一个问题：前面这些工作的成果会不会存在冲突？例如在线性代数的学习过程中，除了要学习各种概念，我们还要练习线性方程组的求解，比如下面这组：

$$x + 2y + z = 8$$

$$3x - y + 5z = 16$$

求方程组的解，实际上就是找出满足方程条件的 x、y、z 的具体数值。例如 $x = 1$，$y = 2$，$z = 3$ 就是一组解。不过事实上，这组方程还有很多其他的解——它们数量无限，永远都算不完。在数学中，我们称这个方程组有无穷多个解。学习高斯消元法之后，你可以亲自验证这组方程的解的无限性。

不过数学探索者还会寻求其他方式来理解这一真理。比如，可以将方程组整合为一个方程：

$$x(1, 3) + y(2, -1) + z(1, 5) = (8, 16)$$

由此一来，它就变成了一个几何问题：二维平面的原点（0，0）处有一艘飞船，飞船上装了三个推进器，它们分别可以将你推向（1，3）、（2，-1）、（1，5）的方向。合理开关这三个推进器，你能否将飞船带到（8，16）的位置？我们会发现，任意两个推进器都可以满足题目要求。数学探索者很快就可以意识到解法并不唯一，不过"解法无穷"这一点可能就没有那么一目了然。

接下来，这位数学探索者可能会从另一个不同的角度来分析方程组。例如他可能会想起，这一类线性方程的解集对应着三维空间中的平面，而两个线性方程的解集的交集就是整个线性方程组的解。另一方面，两个平面的交集是一条直线，所以他必然会意识到方程组的解集就是直线，而一条直线上的确会分布着无穷多的点。由此一来，通过不同方式，他成功证实了该方程组的解的无限性。所以说，深入探究和深刻理解这两个过程一定是相辅相成的。

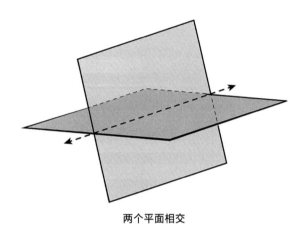

两个平面相交

当深入探究成为一种习惯，数学探索者常常会把真理根植于现实当中，同时还会在思想上将真理拓展开来，试图挖掘出某些新的现实。这些现实可以是柏拉图式的、仅仅存在于理想情况中的思想概念。有时，在数学的某种神秘力量的作用下，那些被挖掘出的全新现实甚至可以揭示出物理世界中某些闻所未闻的现象，令人啧啧称奇。谁又能想到19世纪中叶发展起来的线性代数，居然可以在20世纪于量子力学和搜索引擎算法中得到惊人应用呢？诺贝尔物理学奖得主尤金·维格纳（Eugene Wigner）用"数学那不可思议的有效性"来解释自然科学，他说："物理定律的表述可以用数学语言准确恰当地表示，这简直是一种奇迹，是上天赐给我们的礼物，我们既不知道背后的具体原理，也想不通人类怎会如此荣幸。"[4]

数学家格奥尔格·康托尔（Georg Cantor，1845—1918）因对无限集合的性质的研究而享誉天下。对普通人来说，无限集合好像都一样大——它们可以一直列举下去，没有尽头，除此之外好像也没什么可说的了。而数学探索者会思考这样一个问题：我们有没有办法看出无限集合的"大小"？问题的难点在于，永远算不尽的东西该如何计量大小？康托尔意识到，无限集合其实也可以"计量"，只不过不是用数字，而是用其他集合！你可以试着将两个集合中的元素一一配对，如果配完之后两个集合都没有落单的元素，我们就说这两个集合中的元素存在一一对应的关系。换句话说，两个集合"等势"（cardinality）——这是数学家们用来形容"大小"的一个术语。

康托尔于1874年发表了自己的研究成果，这些成果中最令人感到不可思议的一点就是，无限集合有很多种大小——准确来说，它们有无限种大小！不仅如此，按照康托尔的理论我们还会发现，整数集（比如0，1，2，3，……）和0与1之间的实数集（可以这样理解实数：它的小数部分要么有限，要么可以无限延展下去，重复不重复都无所谓）并不等势。在1874年那个年代，这是一项令人感到不可思议的发现，许多数学家一开始根本无法接受康托尔的理论。在当时人们的眼中，这个和无限数集相关的真理是如此的牵强，如此的脱离现实。不过现如今我们已经证实了康托尔的理论，甚至可以从中推导出一些有趣的结论，比如计算的极限：可以证明，所有计算机程序的集合与整数的集合等势，这意味着必然有某些实数的小数部分无法被计算机程序完整地生成出来！由于早已把深入探究变成了一种学习习惯，数学探索者们经常会在无意中发现一些令人震惊的真理或事实。

∞

不断追寻数学真理背后的深层知识，养成深入探究的习惯，可以帮我们培养很多优秀品格，这些品格在生活中的各个方面都会让我们有所受益。第一个品格就是，无论面对何种真理，只要它足够重要，我们都会产生一种一探究竟的渴望，想要在深入探究的过程中发掘背后的深层知识。

每当因所学太浅而误入歧途时，你都会想要更加深刻地理解事物；每当因深入探究而感到惊喜、愉悦，或是有所发现时，你都会渴望更进一步，继续深入探究任何有价值的东西。

因此，如果你能够站在数学的角度看待问题，那么在看到新奇事件（比如近几年探测到的震惊全球的引力波）时，你就不会只是感慨一句"嗯哼，有点意思"，然后就去忙别的琐事了。与之相反，你的大脑会开始飞速运转，你开始认真思考整个事件，尝试把它和自己学过的知识联系起来。你意识到，高中学到的那些几何结构，在引力面前会发生弯曲：虽然光还是沿着直线前进，但引力可以改变直线的"定义"！你逐渐陷入沉思，想要了解更多内容。你开始想象，宇宙中布满了古老的、由很久很久以前的远古事件引发的引力涟漪，而想要弄清这些远古事件必然会面临大量的数学挑战。你开始由衷地感受到，利用引力波观测宇宙是一件多么不可思议的事情。沿着这个兔子洞①走下去可以极大地拓展你的视野，可以让你对宇宙中正在发生的事情有一个更全面的理解。

对深层数学知识的不懈追寻，可以帮助我们养成独立思考的品格。作家肯尼思·伯克（Kenneth Burke）曾经说过，文学是"用来生活的工具"，如果真是这样，那数学就是"用来思考的工具"。[5]有了

---

① 兔子洞一般用来比喻奇幻世界、未知领域的入口。源于举世闻名的《爱丽丝梦游仙境》，故事中爱丽丝掉进兔子洞后进入了仙境。——译者注

数学，你就可以辨明答案是否合理，判断答案是否正确。你再也不会盲目顺从，再也不会轻易相信权威言论。你可以更准确地分辨别人是不是在愚弄你。此外，在数学推理和建立概念的过程中，我们还会养成严谨思考的品格：这是一种妥善消化新思想之后在脑海中形成清晰论证的能力。无论在生活中的哪个领域，这一品格都可以让我们受益。当然，想要学会独立思考，数学并不是唯一途径，但它一定是最好的途径之一。

不断地深入探究数学知识，还可以帮助我们养成仔细、谨慎的品格。在数学中，对于各种陈述、域、界、假设，我们总会仔细量化，确保结论真实可信。受过数学训练之后，我们会明白所有结论都存在一定的应用范围，这有助于我们避免过度总结、过度概括。在数学建模中（利用数学语言描述现实世界的某些问题），我们会给出模型成立的前提条件、应用范围。在统计学中，我们会仔细分辨相关性和因果性的区别。养成这些数学习惯之后，我们在评判他人时难道还会选择一概而论，而不是深思熟虑、力求言辞精准吗？我觉得不会。当然，我们多多少少都会在无意当中产生某些偏见，进而产生某些联想，但受过数学训练之后，我们便可以利用所学知识较为轻易地分辨出隐藏在这种思考方式中的逻辑陷阱。

对数学真理的不懈追寻，也可以帮助我们养成知识谦逊的美好品格。艾萨克·牛顿曾经说过：

> 我不知道世人会怎样看我。在我自己看来，我不过是一个在海边玩耍的孩子，经常会因为找到了一块美丽异常的贝壳，发现了一颗光滑无瑕的卵石而喜形于色，以至浩瀚的真理之海就在我的面前，我却没有发现。[6]

牛顿的意思是：我们知道的东西越多，就越能够意识到世界上还有很多我们不知道的东西。这是一种谦逊的姿态。数学探索者经常会关注一些自己并不了解的问题，因为悬而未决的问题明显更有趣。他们也早已习惯于看到自己的猜想接连出错，所以数学探索者会摆正态度，把出错看成是探索过程中的正常现象——事实上，出错反而值得庆祝。只要看看那些数学著作的名字，例如《拓扑学中的反例》《数学分析中的反例》，你就会明白为什么了。承认自己的结论有错，其实是一种必备的学习技能，我一直想让我的学生们明白这一点。勇于承认错误是一种美德。以前，当我在试卷中给出的题目过难时，有些学生会在答案中掺一些瞎编乱造的东西进去，试图拿到更多分数。如今，我干脆直接奖励那些勇于承认自己的推理过程存在缺陷的学生——从试卷上的反馈可以看出，学生们在作答时果然变得更加深思熟虑。

由此可见，数学探索者在探求重要的真理时，需要深刻理解知识，深入探究本质，保持知识谦逊，同时还要根据新信息不断改进自己的观点。他会严谨地思考问题、真诚地面对一切。他知道小心谨慎的重要性，也明白严格区分事物的必要性。他会以精准的方式拥抱真理。

$$\infty$$

不幸的是，即便拥有了这些品格，我们或许仍旧无法改变自己早已成形的世界观，无法克服自己的确认偏误——一种信息偏好，只愿意承认那些支持我们已有观念的信息——尤其是涉及情感问题或自我认知的时候。那么，当真理变得遥不可及，谎言变得根深蒂固之时，我们该如何保持自己对真理的热爱？我们又为什么要花费时间和精力去辨别事物的真伪，修正自己的观念？

我父亲曾不幸罹患癌症，我们作为家人不可能袖手旁观，让其他人来想办法。我们必须弄清哪些治疗方式最有可能挽救父亲的生命。我们四处征询专家意见，认真梳理每一个相关信息。你看，在生死攸关的紧要时刻，真理对我们来说异常重要。

如果我们不愿深刻理解事物本身，不愿深入探究问题，不愿经历探求真理所必需的那些步骤，会出现什么问题吗？

答案是肯定的。如此一来，你将容易被他人操纵、利用；你不再能够做出明智的决策；在足以改变人类生活方式的新科技面前，你只能变成普通的消费者，无法成为技术的革新者；你将无法正确评判技术的使用方式；你将无法保护自己所爱之人，让他们免受谎言的折磨；你将无法和信仰不同的人正常沟通。

在成为数学探索者的道路上，在深度学习、深入探究每个重要真理的过程中，你会越来越了解这个世界，越来越明白自己存在的意义。你会逐渐发现，之前觉得简单明了的社会问题，其实远比你想象的复杂。

不过，对数学真理的不懈追求可以在我们心中点燃一缕崇高的希望，让我们意识到自己其实有能力弄清真理的来龙去脉，哪怕过程无比棘手，哪怕真理异常复杂——我们也会明白某些事物本质上就是绝对的真理，根本无须赘述——这样一来我们就对真理有了信心，可以更加从容地对抗那些谎话连篇、厚颜无耻的小人。对真理的这种信心，或许是我们在探寻数学真理过程中能够得到的最重要的品格。你对数学世界的探索越多，你对真理就越热爱，对真理的信心就越强。你最终会明白，为了得到真理，哪怕耗费毕生心血也在所不惜。

------ 维克里拍卖 ------

博弈论中，在某些数学机制的作用下，人们有时会倾向于说出真话。而博弈论本身其实就是一种以决策为根本的数学模型，它在策略分析方面效果奇佳，在经济学和计算机科学中也有广泛应用。下面就向大家介绍一个相当漂亮的应用案例。

假设你为了卖掉自己的汽车，举办了一场无声拍卖会。拍卖有两个规则：

（1）每位买家把自己的出价写在纸上，放进信封，然后密封起来。

（2）将每位买家的出价汇总，出价最高的人获得汽车购买权，买入价格等于最高出价。

虽然看上去相当合理，但这种无声拍卖方式对卖家（假如你就是卖家）来说存在一定风险。如果汽车的价值很高，但每个买家都觉得只有他自己能够看出这一点，那么他的出价就有可能低于他心中的预期价格。由此一来，最终的成交价格将会变低，卖家会遭受一定损失。

有没有这样一种无声拍卖方式，可以让每位买家的出价刚好等于自己的心理预期价格？

答案是肯定的，这种拍卖方式被称为维克里拍卖。在维克里拍卖中，每位买家出价以后，汽车的购买权归出价最高的买家所有，但买入价格不再是最高出价，而是次高出价！

你能想明白为什么这种拍卖方式可以让人们如实出价吗？换句话说，为什么和出价稍高或出价稍低相比，如实出价反而是一种更好的策略？

谷歌搜索引擎的广告业务就是根据维克里拍卖模式，在"搜索广告"中兜售广告位的。

弗朗西斯先生，您好：

您给我寄的这份草稿……最后一段特别铿锵有力，我从中学到了很多东西。对于数学形式逻辑的学习给了我一种自信，我觉得自己完全可以为接下来的上诉去寻找、建立一份坚实的法律依据（偶然发现的一条信息促使我把精力放在了案件之上）。对真理的信心，往往会促使我们下定决心采取行动。

在读到那些和您的数学理论学习过程相关的段落时，我完全能理解您当时的感受。我自己学习数学概念，努力理解其中的意思时，也有过同样的体验，它成了我不断前进的动力（当然，各种挑战也是一种动力，我很享受"战斗"，很享受拼搏的过程）。

克里斯

2018 年 9 月 5 日

7 8 9

奋斗

无论是谁，只要他能够把掌握更多真理作为唯一的奋斗目标，能够全身心地投入其中，那么即使他的努力没有取得明显的成绩，他也一定可以提高自己把握真理的能力。

——西蒙娜·韦伊

只有反复实践，才能做到完美。

——玛莎·葛兰姆
（Martha Graham）

看着两个学生的论文，我心里一阵难受。无论是表现方式还是遣词造句，他们的论文看上去都极其相似，可我很确定他俩根本不认识对方。凭直觉，我在网上搜了一下我给他们布置的论题，果然发现了一篇疑似两份答案的模板的文章。

　　我该怎么办呢？我觉得，与其把他们叫来当面对质，不如给他们一个机会，让他们自己站出来。如果他们愿意为自己的行为负责，那我也愿意在大学司法委员会面前给他们求情，让他们少受点处罚。于是我给整个班级发了一封电子邮件，告诉学生我发现了利用网络资源

作弊的案例，希望涉事学生可以主动站出来承认错误。

第二天早上，我惊讶地发现，邮箱里居然躺着 10 封坦白信，其中就包括我发现的那两个人。虽然我以前也曾听闻别的学校出现过重大舞弊事件，但这种事发生在自己的班级还是让我震惊不已。

到底是什么原因让这么多学生选择了作弊？有些人表示，为了取得漂亮的成绩，他们背负着巨大压力，因为他们想利用成绩得到同龄人和父母的认可，想利用成绩找到好工作，想利用成绩继续读研。甚至有个学生泪流满面地对我说："我真的用心研究过这个论题！可是我被它搞得精疲力竭，而且我还有其他工作要做……所以我在网上查了答案。我不知道如果一直凭借自己的力量研究下去，究竟能不能得出答案。"令我难过的是，现在她永远都不会知道，自己到底能不能独自一人求出答案了。她曾试图消除心中的不安，但她的所作所为反而让这种不安变得更强烈了。

互联网是罪魁祸首吗？是，也不是。这种潜在的诱惑其实一直都在，互联网只不过提高了我们互相比较的能力，降低了放纵欲望的门槛——哪怕是某些不利于个人发展的欲望。20 年前，脸书尚未问世；而如今，随着社交媒体上各种信息分享行为的爆炸式增长，我们几乎只能看到其他人精挑细选后所展现出来的精致生活和各种成就，这更容易让人看到自己的不足。这种经由社会比较而产生的个人压力从未如此之大。此外，我们可以轻而易举地在互联网上找到任何数学问题的答案。我发现在某门高阶数学课程中，跟以前相比，向我请教某些最为困难的数学问题的学生人数越来越少了。现在这个年代想要不劳而获实在太容易了。

∞

既然如此，我们为什么还要努力奋斗呢？奋斗的价值何在？人类内心深处怎么会对奋斗产生渴求呢？

奋斗分为两种，第一种奋斗指的是在痛苦与磨难中的斗争。在生活中，大多数人不会主动去追寻这种奋斗形式，因为我们不喜欢苦难。不过从某种程度上来说，苦难是人生经历的一种表现方式，很多令人刻骨铭心的经历都来自苦难，来自与挚爱之人携手面对困境的经历。亲身体验过苦难的人都知道，苦难使人坚韧，坚韧塑造品格，品格建立希望。无论是与疾病的斗争，还是与不公的斗争，都能助我们养成某些无法被病痛或暴力所剥夺的、对于幸福生活不可或缺的宝贵品格。不过话说回来，虽然这种奋斗形式极为常见，极为重要，但是人们内心深处对它并不存在什么渴求。

第二种奋斗指的是为了某个目标而做出的不懈努力。可是，什么才算是奋斗目标？如果取得好成绩就算是达成了目标，那我们根本不需要努力，只要作弊就行了。在《追寻美德》（*After Virtue*）一书中，哲学家阿拉斯戴尔·麦金太尔（Alasdair MacIntyre）对各种社会实践中的内在收益和外在收益做出了详细区分。根据麦金太尔的解释，大体上来说，实践指的是充满合作性与社会性的、具有恰当评判标准的人类活动形式，例如体育、农耕、建筑、数学、象棋。而外在收益指的是参加实践活动所得到的收益，但这种收益只能是来源于社会环境的意外收益，并非活动形式本身所带有的内在收益。例如，财富和社会地位就属于外在收益。此外，由于外在收益不是活动本身所固有的，这些收益总是具有很强的可替代性。麦金太尔用儿童下棋举了一个例子，为了激励儿童下棋，鼓励他们获胜，人们有时会用糖果作为奖励。

这样一来我们就可以鼓励孩子们下棋，激发他们的求胜欲望。但是，请注意，如果孩子们下棋只是为了拿到糖果，那他们就没有任何理由拒绝作弊。只要他们有这个条件，他们就一定会作弊。[1]

相对而言，内在收益指的是活动本身能够带来的、与该活动形式捆绑在一起的、只有亲自参与到实践当中才能获取的收益。只要你没有参加这种实践活动（或是类似活动），你就绝对无法获取相关收益。麦金太尔继续解释道：

因此我们希望，将来某一天，孩子们可以在具有鲜明个人风格的分析技巧、对弈策略、竞技实力中，获得某些象棋所特有的收益，找出自己继续下棋的全新理由。在这种理由的驱动下，下棋的目的将不再是于某些特定场合中取得胜利，而是尽己所能地在象棋之道上超越自我，探寻象棋的真谛。由此可见，如果孩子们现在就开始作弊，那么他们打败的绝不是对手，而是他们自己。[2]

显然，"战略想象力"就是一种内在收益。想要丰富自己的策略，你只能不断下棋，或者不断练习其他类似的项目。这种收益和活动本身紧密相连，同时也是参加活动的必然结果。

正如麦金太尔所言，外在收益（糖果、财富、声望等等）只能属于个人。通常情况下，某个人的收益越高，其他人的收益就越少。相比之下，内在收益（高超的技巧、活动的乐趣）可以属于多个个体，同时不会影响其他个体所能获取的数量。此外，内在收益还可以让参与活动的整个群体得到长足发展。个人所掌握的数学技巧可以让整个社会受益。你在数学方面的发现、统计学方面的见解，都有可能催生出可以惠及每一个人的实际应用。除此之外，数学中的每一条定理，每一个定义，每一种应用，都是全人类智慧的结晶，我们每个人都应该为此骄傲。

因此我认为，属于人类基本渴求的奋斗形式，事实上是为了获得内在收益而做出的奋斗——简单来讲，就是为了成长而做出的奋斗。每个人都会参加各种各样的社会实践活动，比如体育、工作，甚至友谊。无论在哪个领域，我们都有一个基本的渴求，那就是成长，因为我们想要在成长的过程中充分挖掘自己的潜力。我之所以会锻炼身体，是因为我想获取运动的内在收益，即匀称的身材、健康的体魄（如今这把年纪，我已经不怎么在意锻炼身体的外在收益了，比如大块的肌肉、他人的认可）。我认识的每一个人都渴望从事有意义的工作，这同样也是因为大家渴求在职业道路上有所发展，有所成长，在取得职业成就的同时获得自我满足感。此外，我们每个人都想要建立一份感情深厚、丰富多彩、认真且成熟的友谊，彼此相伴，一同成长。

为成长而奋斗，即以获取内在收益为目的的奋斗，是人类繁荣的标志。一个社会如果不以内在收益为目的去构建各种实践活动，这个社会一定缺少稳固的根基。例如，教育这种社会实践活动蕴含着大量内在收益，其中之一便是它可以培养人们的批判性思维。而权威形象则是教育的外在收益之一。然而，如果社会不鼓励批判性思维，那么那些通过各种手段建立起权威形象的人士，就可以肆无忌惮地发动政治宣传，散播虚假信息，这种情况下社会很容易产生动荡。此外，一个衰败的社会——充斥着各种不公、缺少发展机会、领导层严重腐败——会刺激人们通过不诚实的手段获取外在收益，因为大家一致认为领导层的分配方式有失公允。可是内在收益不一样，因为它内禀于社会实践活动本身，无法以欺诈的手段获取。追寻内在收益需要个体具有某些美德，反过来这个过程也可以培养某些美德。领悟到内在收益的宝贵价值以后，人们会将为成长而奋斗视为追求人生价值的途径，如果有人正处于不公正的制度当中，还会将其视为与不公现象做斗争的手段。

为成长而奋斗，其实也正是从事数学工作的魅力之一。数学探索者喜欢有趣的谜题、有难度的问题。我们很清楚"虽然内心知道希望渺茫，但仍旧心甘情愿地长期钻研某个问题"是一种什么样的感觉。我们早已学会享受奋斗，乐在其中。在数学研究中，我曾花费数年时间去思考某些问题。我自己也知道，有些难题我可能一辈子都解不开，就像生活中那些让人束手无策的困境一样。不过，水落石出、恍然大悟的那一刻，之前经历的种种磨难只会让胜利的果实更加甜蜜。

数学教育界有个词叫作"有效奋斗"，它指的是这样一种努力工作的状态：积极解决眼前问题，面对困难坚持不懈，愿意尝试各种策略，能够承担风险，无惧失误、不怕失败，在思考的过程中逐步提高对数学基础概念的理解。这种努力的过程可以锻炼我们的耐性，让我们在奋斗的时候能够乐在其中。更进一步地，这种耐性还可以帮我们养成临危不乱的品格，让我们更加从容地面对生活中的难题——我们会变得镇定自若，因为我们知道问题其实可以留到以后再解决。我们会发现，没有解决问题，其实和解决了问题同等重要——正如西蒙娜·韦伊所言，为了掌握真理而付出的心血与汗水，本身就难能可贵，因为就算没有取得明显的胜利果实，我们的能力也会得到锻炼和提高。比如，在奋斗的过程中，我们养成了妥善解决新问题的能力，增强了解决问题的信心与决心。通过奋斗获得成功的一刹那，我们会树立起强大的自信。随着时间的推移，我们将一次又一次地克服艰难险阻取得胜利。最终，无论面对何种难题，我们都会变得游刃有余。

我们收获的这些美德，全部来源于恰当的数学实践，属于那种更强调内在收益的实践，它们能够唤醒每个人内心深处对通过奋斗而成长的渴求。那么，为了提倡这种奋斗形式，为了让大家不再想尽办法利用某些手段规避奋斗过程，让大家不再屈服于外在收益的诱惑，数学探索者可以做些什么呢？

针对之前的舞弊事件，我反思良久，想到了一个重要的问题：造成这种局面，我自己是不是也应该承担某些责任？我开始感到失望，不是对学生，而是对自己。我是不是在无意中让学生觉得成绩比什么都重要？我是不是可以改进一下教学方式？

某项针对学术不端的研究指出，过去几年，作弊率一直呈上升趋势，其中科技进步是一个重要推力。[3] 此外，家长和老师过分强调成绩的重要性，也是导致学生选择作弊的主要因素之一。如果老师更加看重学生的学术能力，让学生把内在价值当作学习目的，淡化卷面成绩这种外在形式，那么学生作弊的概率就会下降。这里我们再一次见证了出色的学习能力（内在收益）与漂亮的卷面分数（外在收益）之间的显著差异。

不知道大家注意到没有，就算我们再三强调学习能力的重要性，我们也会在某些微妙的细节上表现出对成绩和成就的重视。例如，无论是在家里还是在学校，我们都会思考，到底哪些人该受到表扬？哪些人会赢得大家的关注？如果我们更喜爱那些考试成绩为 A 的学生，而不是那些考试成绩为 C 的学生，便在无形当中把成绩表现看得比学习能力更重要。即便我们没有表现出这种偏好，学生们也会在社会生活中看到成绩的重要性，而且他们很容易将其过分夸大。我们必须行动起来，积极地去更正这种思想，不要让学生把考试成绩摆在至高无上的地位。

经历了舞弊事件以后，我现在会要求学生们阅读卡罗尔·德韦克（Carol Dweck）的一篇短文。根据短文提供的研究数据我们可以知道，有些人坚信个体的智力无法改变（固定型思维模式），有些人认为智力具有一定的可塑性和成长性（成长型思维模式），前者比后者更害怕挑战，更容易因挫折而气馁。[4] 具有固定型思维模式的学生会觉得有天赋就意味着做事必然轻而易举，因此他们会把努力奋斗努力解题的过程看成是缺乏能力的表现。相比之下，具有成长型思维模式的学生会把各种挫折看成学习新知识的机会，认为只要坚持不懈、努力奋斗，这些挫折和困难其实完全可以克服。[5]

下面这三位菲尔兹奖得主都是成就斐然的数学思想家，他们一致认为奋斗过程在数学中具有重要价值：

> 我并不是一个才思敏捷的人，通常来说我必须花费很长时间才能整理好自己的思绪、取得一定进展。[6]
>
> ——玛丽安·米尔札哈尼

> 尽管已经意识到事情相当棘手，但还是想办法克服了困难，这种经历尤为重要。如果在很早的时候就养成了独立思考的习惯，树立起了不畏艰难的决心，将来面对困境时这些品格就可以发挥出超乎想象的作用。[7]
>
> ——蒂莫西·高尔斯（Timothy Gowers）

> 尽管我已经取得了一定成绩，但我其实一直不太清楚自己的智力水平到底是高还是低，我觉得自己并不聪明。无论是以前还

是现在，我的思维一直都极其迟缓。我总是想要透彻地理解事物，所以我需要一定的时间去抓住事物本质。[8]

——洛朗·施瓦茨（Laurent Schwartz）

我不断提醒自己的学生，奋斗其实是好事，在奋斗的过程中我们可以学到很多东西：教授们在研究项目中一直在做的事情就是奋斗，奋斗是研究过程中最有意思的事情。此外我还会提醒他们，奋斗可以帮助大家养成很多优秀品格，无论在生活中遇到何种困境，这些品格都能帮助他们渡过难关，因为他们知道如何坚持不懈，如何克服困难，如何才能走到终点去摘取胜利的果实。最后我还会提醒他们，成绩只是一种衡量进步的手段，它无法保证你能够一直进步，也无法影响你作为一个人的尊严。

针对这些事情，我思考了很多。为了展现我对奋斗过程的重视程度，我开始调整自己对学生的评估方式。现在，即便学生没有完整地解决问题，只要他们能够向我证明为了解题他们已经想尽了办法，我就会酌情给他们一些分数。此外，为了表明我不仅看重解题结果，还珍视解题过程，我会不时地提出一些反思性问题，比如下面这个：

请详细描述一个你在课堂上学到的有趣的数学概念，解释它为什么有趣，并说说它在数学学习、数学创造方面能够给予你怎样的帮助，从而完成对整个学习过程的反思与总结。

学生们的回答常常让我倍感欣慰，比如下面这个：

在您的课堂上，我学到了很多很多有趣的东西。要说印象最深刻的，那应该是您给我们布置的"第0份"家庭作业。当时您让我们阅读一篇和"智力固化"相关的文章，作者表示，面临困境时，那些具有固定型思维模式的人会变得手足无措。……前一阵，我在数学方面遇到了很大的困扰，对自己的表现感到十分沮丧，整个人变得和文章中描述的一样。不过，文章还提到，面对困难时人们可以选择另一种态度，那就是承认努力和坚持是学习道路上不可或缺的一部分。尽管当时我并不完全认同这句话，但我觉得上个学期中我其实已经逐渐接受了这种思想。这对我来说是一个重要的教训，现在面对数学时我更有自信了。我明白了一个道理，那就是虽然数学的学习和创造需要一定的洞察力和灵感，但想要真正擅长数学，努力和汗水也是相当重要的部分。

最近我又向学生们提出了另一个问题：

互联网给人们提供了很多便捷，其中之一就是你几乎可以在网上找到任何问题的答案——只要它是一个已经被人们解决的问题。不过，在学习某个学科的时候，这种便利反而会带来一些负面影响。在这门课上，我一直在强调奋斗对于数学学习的重要性：它是一种正常行为，也是学习过程的一部分。学习遇到阻碍时，你不能坐以待毙，而是应该主动去"做点什么"。我的问题就是，在当前的学习进度下，你在本门课程中是否遇到了某些尤为珍贵的奋斗经验？你是否体验到了主动"做点什么"的意义？请举例说明。

下面这份回答来自某位重返大学校园的前海军陆战队队员：

我知道，亲身学习某些东西，本质上可能和学术之路上的奋斗过程是一回事。例如，我 10 岁的时候曾自学杂耍技巧，甚至玩得还挺不错。不过后来随着年龄的增长我发现杂耍并不酷，于是渐渐放弃了这门手艺。没想到，15 年后，我这门不为人知的手艺居然让我的妻子着实惊讶了一番。这时我才意识到，我没有丢失这项技能。同样，在海军陆战队服役的时候，我需要亲手或亲身学习各种战斗技巧。毫无疑问，我永远都忘不了部队中每一款机枪的拆卸组装方式。此外，这些年我一直在练习射击技巧，不出意外的话，我永远都会是一名射击高手，直到身体停止运转。

　　我发现数学教授们可以不费吹灰之力就解开黑板上的难题，哪怕他们早已忘记问题的标准答案。您也不例外，学生提出漂亮的问题时，您可以很轻松地解开，这种情况我见过好几次了。我认为，对您来说，做数学就好比在没有说明书的情况下修理汽车或是组装设备。您经历了太多的奋斗，之前的经验已经牢牢地刻在了脑海之中，忘掉它们变成了一件极为困难的事情。由此可见，您现在之所以如此擅长数学，是因为之前投入了大量的时间和汗水。

　　我希望在将来的某一天，我自己也能在某些学科上变得像您一样游刃有余。

既然他对奋斗价值的理解如此深刻，我相信他一定会梦想成真。

------ 五格骨牌数独 ------

下面这个不同寻常的数独游戏出自《难上加难的数独》（*Double Trouble Sudoku*）* 一书中提到的游戏 *Brainfreeze Puzzles*，作者是菲利普·赖利（Philip Riley）与劳拉·塔尔曼（Laura Taalman）。它肯定比普通的数独要难，你付出的努力肯定也会比往常要多。由于在每一行每一列，每个数字都会出现两次，所以普通数独的游戏技巧在这里完全不适用。

棋盘被加粗的黑线分割为很多区域，每个区域都包含 5 个方块（即五格骨牌）。游戏的目标是在每个方块中填入 1~5 当中的某个数字，填数时要遵循以下规则：

（1）每个五格骨牌当中，数字 1~5 必须全部各出现一次。

（2）每一行每一列，1~5 当中的每个数字都刚好出现两次。

需要注意的是，图中深浅不一的阴影只是为了标记具有相同形状的五格骨牌，没有其他特殊含义。

---

* Philip Riley and Laura Taalman, Brainfreeze Puzzles, *Double Trouble Sudoku* (New York: Puzzlewright, 2014), 189.

弗朗西斯先生，您好：

……

至于说我为什么会被数学吸引，我觉得是因为它蕴含的力量、结构以及真理。就我个人而言，我从未见过有哪种论证方法可以和数学论证相媲美（无论是哲学论证还是法学论证，抑或是其他的论证方式）。数学的结构也令人啧啧称奇，只要方法合理有效，那么无论你采取哪种方法，都会推出一模一样的结论，仅这一点就足以令人折服。此外，数学中的真理也同样令人惊叹，具体表现在它描述物理世界的方式，以及它似乎无处不在的广泛应用。对于数学的力量，我想到了一个很有说服力的例子：在"现实物理学"出现之前，"数学物理学"就已经发现了宇宙中绝大多数的事物。

克里斯

2018 年 8 月 9 日

8 9 10

力量

—

权力本身并不会使人腐败；然而傻瓜一旦掌握了权力，就会败坏权力。

——萧伯纳

（George Bernard Shaw）

"数学创造"的动力不是推理，而是想象力。

——奥古斯都·德·摩根

（Augustus De Morgan）

现在有一副去掉了大小王的、牌数为 52 的标准扑克牌。对大多数人来说，这只是用来消磨时光或变魔术的常见物品，很少有人会去思考扑克还有什么其他用途。不过在数学的帮助下，你一定会对扑克产生一个全新的认知，看到它背后的强大力量。

　　一副牌必然会按照某种顺序（不一定非得是特殊的顺序）堆叠在一起，我们将其称为牌组的"排列方式"。看到这里，你脑海中可能立刻会浮现出一个问题，"一副由 52 张牌组成的扑克，到底有多少种排列方式？"尽管某些读者可能知道答案，但考虑到计算并非数学的

核心内容，我想问你另一个问题，我还希望你可以不要进行计算，全凭直觉给出答案。问题是：以下三个数字，哪个最大？

A. 宇宙中恒星的数量

B. 大爆炸距今有多少秒（大爆炸为宇宙时间的开端）

C. 52 张纸牌的排列方式

这个问题可比刚才那个有趣多了，希望你花时间认真思考一下。

∞

我们很快就会发现，对于一副扑克牌的深刻认知，可以让我们看到数学背后的强大力量。只要能够在练习和实践中解锁、拓展大脑中与生俱来的理性分析能力，我们就可以掌控这种力量。

力量是人类内心深处普遍存在的一种渴求，然而力量，或者说权力，听起来通常感觉像是一个不好的词，掌控权力的人很少能够得到他人的认可。想要弄清其中原因，我们需要把力量的两种含义区分开来。

力量的第一种含义，指的是事物蕴含的力量，比如电力、强风暴。力量的英文单词"power"起源于古法语单词"poeir"以及早期拉丁语单词"potere"。此外，这两个古词还衍生出了"potent"（强力的、强效的）和"potential"（名词的意思是"潜力"，形容词的意思是"潜在的"）两个英文单词。因此，强有力的（powerful）事物具有"去做成某件事"的能力。数学探索者经常会用"强有力的"一词来形容数学，就是出于这个原因。

力量的第二种含义，指的是人们指挥、影响他人（或事件）的权力。理论上来说，利用权力，人们可以惩恶扬善，扶危济困。可不幸的是，情况并不总是像理想中一样美好。权力被滥用时，随之而来的强大冲击会给数学的教育方式和学习方式带来严重的负面影响。社会学家马克斯·韦伯将权力定义为"无视他人反抗，将自己的意愿强加给他人的能力"[1]。在这里，韦伯把力量视为一种威胁、强迫他人去做某件事的能力。无论是对施害者，还是对受害者，这种力量都无法让人生幸福。

我更喜欢用另一种方式去理解力量的含义，把它看成是那种集真善美于一体的、对人对物都极为有益的力量。安迪·克劳奇（Andy Crouch）对此给出了如下定义：

> 所谓力量，就是改变世界的能力……是创造事物、构建意义的能力，它最能体现人类和其他物种的不同之处。[2]

其中，"创造事物"（stuff-making）和"构建意义"（sense-making）两个短语的含义可能有些不太好理解，这里我们详细分析一下。

创造事物不仅涉及人类的力量，还涉及自然的力量。比如电力就是能量的一种表现形式，它可以创造新事物。人类也可以创造各种新事物、改变周边的环境。对此，数学家的圈子中有一个很恰当的用词：变换（transformation）。就像数学方程可以变换其中的元素，地球上的各种生物也可以改变周遭环境，就连宇宙本身也处于不断变化之中。

构建意义是人类理解世界的能力，人们会尽自己最大的努力为世界赋予各种意义。当然，这一过程也充满了创造性，需要人类充分发挥自己的想象力。只有人类会试图理解世界，物体不会去理解世界。

不过，某些东西，例如数学，可以帮助人类更好地理解世界。

这两件事都是数学探索者会做的事情。我们既会创造事物，例如给出定义、创建结构、证明定理、开发模型，也会构建意义——我们开发的模型、创造的符号都被赋予了实际意义。相比之下，虽然计算机也会参与到事物的创造过程中，例如我们可以用它执行程序、计算答案，但它绝不会牵扯到意义的构建（迄今为止还没有出现任何一例）。

克劳奇认为，创造事物、构建意义的力量（即创造力），是力量最深刻、最真实的表现形式。它是人类繁荣的一种标志，它有时会不同于我们习以为常的那种力量。力量存在于婴儿身上：因为他有机会去创造事物、构建意义，并伴随这个过程不断成长。力量也存在于特蕾莎修女身上：在对贫苦人民的关怀当中，她和受帮助的对象都会看到对方对于自己的意义。

然而创造力也会被滥用，因为人们有时会用创造力做一些伤天害理的事情。一旦出现这种情况，创造力就变成了强制力。强制力会削弱人们在创造事物、构建意义方面的创造能力。

创造力和强制力也存在于数学空间（即我们从事数学工作时所处的环境）当中。我们先认识一下数学当中的创造力，看看它是如何构建意义的。

∞

我们一直在说数学蕴含着力量，可这到底是什么意思呢？

现在我们回到洗牌的话题上。为了说明数学中蕴含的各种力量，我将用纸牌为大家展现每一种力量的具体表现形式。我这样做的目的，是想让你从整体上感受一下数学的力量，所以在阅读的时候，如果你没有完全理解所有内容，也不用慌张。即便对专业的数学家来说，也很难在第一次遇到这种情况时就掌握全部细节，所以说这其实是一种正常现象，完全不用担心。我们现在做的事，相当于一边在50000英尺^①的高空快速飞翔，一边俯瞰下方的景致，你当然可以放松下来，心无旁骛地享受那些美丽景色。

为了学会用数学的眼光看待纸牌，我们刚才提出了这样一个问题：相比之下，哪个数值更大——是宇宙中恒星的数量，是大爆炸距今的秒数，还是52张纸牌的全部排列方式？

这可比直接问"一副牌共计有多少种排列方式"有趣多了，因为我们正在比较的这三个数值涉及很多具体的意义。在此过程中，我们也会看到数学中一种相当基础的力量，即诠释的力量。数学探索者绝不会满足于计算结果，因为他知道数学的根本在于理解，而不在于计算。他会仔细分析计算结果，尝试诠释它的意义，看看它是不是合情合理，思考它和其他已知事物的关联所在。

据天文学家估计，宇宙中全部恒星的数量大约为10^{23}，也就是23个10相乘，一个由数字1和后面23个0组成的庞大数字。此外，天文数据表明，宇宙的年龄大约为138亿岁，也就是不到10^{18}秒。至于52张牌有多少种排列方式，我们可以这样计算：挑选第一张牌有52种可能性，之后再挑选第二张牌就只剩下51种可能性，挑选第三张牌就只剩下50种可能性……以此类推，从52到1一共52个数字，把这52个数字乘在一起就是答案，我们可以将其写作"52!"，意为52的阶乘，其中感叹号就是阶乘符号（例如5! 就代表着$5 \times 4 \times 3 \times 2 \times 1 = 120$）。阶乘符号总是能够让人兴奋起来，只要算一算就知道为什么了：52! 大约等于 10^{68}，多么震撼人心啊！52 张纸牌居然有这么多排列方式！这个数字远远超过了宇宙恒星的数量，也远远超过了以秒为单位的宇宙年龄。而且，如果你花点时间，让理解力得到充分发挥，你就会发现：

> 如果在宇宙大爆炸之初就开始洗牌，每秒洗一次，就算你一直洗到今天，和纸牌的全部排列方式相比，你见证过的那些排列方式加在一起也不过是沧海一粟。

事实上，10^{68} 和 10^{18} 之间的差距简直是天壤之别，你每次洗牌都可能会遇到史无前例的排列方式。换句话说：

每次洗牌，你都是在创造历史！ [3]

∞

既然如此，我们会不由自主地问出另一个问题："洗几次牌才能让一副牌混合得较为均匀？"现在我们主要分析一下大多数人都会使用的洗牌法，也就是交错式洗牌法：将牌分成两份，然后同时洗两份牌，让它们彼此交错地叠加在一起。

你可能听到过这样的说法：需要进行 7 次交错式洗牌，才能洗好一副数量为 52 张的牌。这是数学家戴夫·拜尔（Dave Bayer）和佩尔西·戴康尼斯（Persi Diaconis）于 1994 年提出的一个数学定理。[4] 这里我简单介绍一下他们的论证思路。

首先，"洗几次牌"这个问题有些含糊不清。什么叫"混合得较为均匀"？此时我们需要借助数学的另一种力量，即下定义的力量。对于那些尚未明确定义的词，数学探索者们会尽己所能地给出精准描述。在讨论牌组的混合之前，我们先得明确自己对牌组状态的"掌握情况"，也就是各种排列方式的概率。"概率分布"可以告诉我们每一种排列方式的可能性是多少。如上所述，52 张牌一共有 52!（约为 10^{68}）种排列方式，所以完整的概率分布必须列出每一种排列方式的概率——如果非要我把它们列出来的话，那将是一份相当长的表单。表单一共有 52! 行，每一行都要写出纸牌的排列方式以及与之对应的概率。

一开始，在进行洗牌操作之前，牌组必然已经存在一种排列方式，所以这种排列方式的概率是 1，其余排列方式的概率是 0。洗牌的过程会向其中添加一些随机性。洗牌之后，牌组状态会变得难以确定。有些排列方式的概率更高，有些则更低，概率分布可以告诉我们每一种排列的具体概率是多少。最理想的洗牌方式，就是在洗完之后每种排列出现的概率一模一样，除此之外，我们对这副牌再也无法掌握更多信息。可以运用我们下定义的力量，给纸牌的这种状态起一个名字。

我们不妨将每种排列方式概率皆相等的一副牌称为"完全随机牌组"。准确来说，完全随机牌组就是这样一种概率分布：在纸牌全部的 52! 种排列方式中，每一种方式出现的概率都是 1/52!。因此，为了衡量一副牌洗得有多好，混合得有多均匀，我们可以尝试去量化它和完全随机牌组的"距离"，这涉及数学中另一股强大的力量：量化的力量。

那么问题来了：这里"距离"指的是什么？它处于怎样的空间中？这些问题会涉及好几种数学力量：抽象的力量、可视化的力量、想象的力量。我们将运用自己的想象力，将一个抽象的空间视觉化。

在这个空间中，每个点都是一个概率分布，所以实际上每个点都代表着我们对牌组当前状态的掌握情况（见下图）。完全随机牌组（状态完全未知）是该空间中的某一点，其他的点则代表着其他概率分布（也就是其他条件下我们对牌组状态的掌握情况）。现在我们想要知道，每次洗牌之后，我们对牌组的掌握情况离完全随机的状态还有多远。

概率分布空间

每个"点"都是一个完整的列表，它表示当时条件下纸牌的52！种排列方式，以及与之对应的概率。

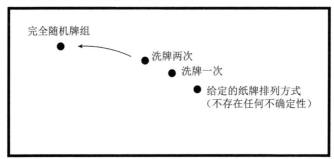

接下来，为了度量概率分布空间中任意两点之间的距离，我们需要构建一个函数，就像我们为了测量真实空间中任意两点之间的距离所做的那样。在这一步骤当中，我们可以充分发挥自己的创造力。是的，没错，这真的需要一些创造力，因为你有很多方案可以选择。例如我现在想要测量地球上两个人之间的"距离"，具体方案有很多，比如下面这些：

1.测量物理距离，以英里为单位。

2.测量友情关系的距离（也称为分离程度），看看最少需要几段人脉关系，才能将两个人联系在一起。

3. 测量飞行距离，以时间为单位，即飞机在两地之间的最短飞行时间。

4. 测量航行距离或驾驶距离，同样以时间为单位，即两地之间水陆交通的最短时间。

5. 测量"血脉距离"，看看往上追溯几代人可以找到共同的祖先。

或许你还可以想出其他思路。为了挑出一个切实可行的方案，我们需要发挥自己做决策的能力。在解题的过程中，数学探索者们早已学会了该如何做出正确的决策。研究数学时，很多人都有这样一个错误的观念：你要么知道答案，要么不知道答案，除此之外再也没有其他可能。其实数学并非如此，因为你可以把各种方案、策略组合在一起，看看哪种组合更有效，这也是数学强大力量的一种体现。

整个洗牌过程，我们都处于概率分布空间当中。戴夫·拜尔、佩尔西·戴康尼斯为这种空间挑选了一种恰当的测距方式，即"全变差距离"（total variation distance）。这里我们不必关心它具体是什么意思，因为我们的目的是从宏观角度来认知问题，只要有一种笼统的感觉即可。他们之所以选择这种测距方式，是因为它可以很好地度量每次洗牌之后，当前牌组状态和完全随机状态之间的差距。

现在，我们需要研究一下洗牌的方式，以及它对概率分布的影响。为此，我们需要借助数学中的另一种力量：建模的力量。我们会为洗牌过程建立一个数学模型，并尽力让它更为精准地反映人们的洗牌方式。拜尔和戴康尼斯采用的洗牌模型叫作吉尔伯特-香农-里德斯（Gilbert-Shannon-Reeds）模型（简称 GSR 模型），它是一种相当不错的近似，可以较为准确地反映真实世界的交错式洗牌法。该模型假设，洗牌时牌组会以二项分布的方式分成两堆，其中一堆有 k 张牌，另一堆有（52-k）张牌，k 的数值等同于掷 52 次公平硬币后，硬币朝上的次数。之后，两堆纸牌会连续不断地落下，每张牌下落的概率和该牌堆当时的剩余牌数成正比。大家可以想一想，为何这种数学描述已经包含了洗牌的随机性（每次洗牌的手法不可能一模一样，随机性就是这样产生的）。例如，牌组不可能每次都刚好被分成等量的两份，但总的来说被切分的两堆纸牌张数都差不多，就像掷 52 次硬币，正面和反面出现的次数差不多一样。

GSR 洗牌法的这种数学表述方式可能显得有些烦琐。不过，正如拜尔和戴康尼斯指出的那样，对于 GSR 洗牌法，数学中至少有四种等效的表述方式。其中一个采用了几何表述，我们需要以类似揉面团的方式来移动纸牌。还有一个采用了熵的表述方式，即所有可能出现的切牌方式和落牌方式具有相同的可能性（因此，切牌方式越不平衡——意味着落牌方式越少，它出现的可能性就越低）。GSR 洗牌法的多种描述方式，可以很好地体现数学的阐释力——既然理解问题的方式多种多样，你当然可以仔细掂量一下手中已有的工具，然后选一个可以最大程度上使问题得到简化的方式。

交错式洗牌法有个一般化的形式，即"n- 洗牌法"，它可以帮助我们更好地理解数学的阐释力。"n- 洗牌法"和交错式洗牌法很像，但它不再将牌组切成两份，而是切成 n 份，然后再在洗牌的过程中叠加在一起。这里我们可以看到数学的概括力，通常来说，和解决一个特例问题相比，解决一个具有高度概括性的一般化问题可以让我们收获更多，更能看清问题的本质。可以证明，先进行一次"m- 洗牌"，再进行一次"n- 洗牌"，其实就等同于进行了一次"m×n- 洗牌"。因此，连续两次交错式洗牌，实际上就是先进行了一次"2-洗牌"，然后又进行一次"2-洗牌"，其实也就相当于我们进行了一次"4-洗牌"。如果在此基础上再进行一次交错式洗牌，其结果就相当于我们进行了一次"8-洗牌"。如此一来，连续 k 次交错式洗牌，实际上就等于进行了一次"2^k-洗牌"。

这一发现相当有用，它可以让我们看到洗牌过程的代数结构——这充分体现了数学洞悉结构的力量。在数学的帮助下，我们可以看到某些以前未曾发觉的结构，这些结构不仅美妙迷人，同时也能打开我们的解题思路。

纸牌中还存在另一种结构，即所谓的"递增序列"。把一摞牌从左到右依次展开（最下面的牌在最左端，最上面的牌在最右端），然后从左到右、按照牌面从小到大的顺序，依次从母序列中挑出纸牌，当该子序列达到最大长度时停止挑牌。此时的子序列就是一个递增序列。以下面的 10 张纸牌为例：

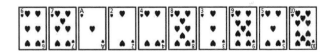

它包含 3 个递增序列，分别是：{A，2，3}、{4，5}、{6，7，8，9，10}。注意，在递增序列当中，牌面大小必须是连续的（它们出现的顺序以母序列的原始顺序为准），而且递增序列的长度必须尽可能长，直到该递增序列再也找不到其他符合条件的牌为止。由此可见，{6，7，8} 不算是上面牌组的递增序列，因为 8 后面还有 9 和 10 没有放进去。{6，7，8，9，10} 才算是一个递增序列。

如果某个牌组完全有序，那么它只包含一个递增序列：

我们现在就以它为例，对它进行一次交错式洗牌。首先，我们按照二项分布的方式将牌切成两份，这意味着一份6张、一份4张的概率，等同于掷10次硬币正面出现6次的概率：

然后我们从两份牌中一张一张地抽牌，并把它们洗到一起。每张牌被抽到的概率，和这张牌所处牌堆的大小成正比。因此，第一张牌是A的概率为6/10，第一张牌是7的概率为4/10。我们不妨假定第一张牌抽到了黑桃A，那么第二张牌要么是黑桃2，要么是黑桃7，前者的概率为5/9，后者的概率为4/9，因为第一堆牌只剩下5张，而第二堆牌还是4张。不妨假定第二张牌抽到了黑桃7。如此反复操作，我们有一定概率得到以下洗好的牌组：

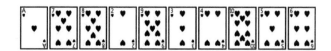

可以看到，该牌组包含两个递增序列：{A，2，3，4，5，6}和{7，8，9，10}。如果再洗一次牌，那么除非遇到极端情况，否则在切牌的过程中，这两个递增序列很有可能会被分割开来。洗完之后将会形成一个新的牌组，此牌组最多包含4个递增序列（如果切牌手法过于极端，那么递增序列的数量会变少）。同理，第三次洗牌之后，牌组最多包含 8 个递增序列。（事实上前面已经提到，洗三次牌等同于进行一次"8-洗牌"，8 个递增序列就来自"8-洗牌"中把牌分成 8 份这个步骤。）

在递增序列这个概念的帮助下我们可以看到，进行三次交错式洗牌之后，出现某些排列方式的可能性是零，因为就 10 张牌构成的牌组而言，有些排列方式包含的递增序列数量超过了 8 个。事实上，一个完全倒序的牌组包含了 10 个递增序列，因为按照前面我们介绍的递增序列的定义，每次我们只能挑出一张牌，想要按照从左到右、从小到大的顺序遍历整个牌组，我们必须挑 10 次牌，这也就意味着该牌组包含 10 个递增序列。

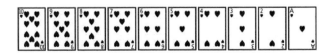

你可以借用类似的推理方式分析一下由 52 张牌构成的牌组（强烈建议你亲自尝试一下！），之后你会发现，进行 5 次交错式洗牌之后，出现某些排列方式的可能性是零。因此，仅仅凭借思维的力量，我们就足以确定 5 次交错式洗牌不能让牌组彻底混合，因为 5 次洗牌根本不足以让每一种排列方式都有出现的机会，更不用说让它们出现的概率相等了。

令人感到惊讶的是，仅需两次交错式洗牌，每种排列方式出现的概率就已经相当接近了！拜尔和戴康尼斯发现，进行一次"n-洗牌"后，每种排列方式出现的概率仅取决于递增序列的数量、牌组中全部纸牌的数量，以及 n 的大小这三个因素。根据这一点，他们计算出了进行一次"2^k-洗牌"（相当于进行了 k 次交错式洗牌）之后，该牌组和完全随机牌组之间的全变差距离。分析结果表明，对于一副 52 张的纸牌，至少进行 7 次交错式洗牌才能让它接近于完全随机的状态。当然，继续洗下去可以进一步缩短它和完全随机状态的距离，但效果并不明显。所以，从这个高度量化的结果来看，只需要进行 7 次 GSR 洗牌，牌组就已经混合得很好了，此时每种排列方式出现的概率几乎相等。

这一结论有很多引人深思的地方。例如，对于一副排列方式比全宇宙恒星数量还多的纸牌，我们居然可以得出如此精确的结论，这简直不可思议！再例如，即便纸牌的排列方式如同天文数字，但仅仅洗 7 次牌之后，每种排列出现的概率就已经十分接近了！

在这个细致详尽的案例中，我们亲眼见证了数学当中诠释、下定义、量化、抽象、视觉化、想象、创造、策略分析、建模、表示方式多样化、概括、洞悉结构等各种各样的力量。任何数学学习者最终都可以熟练运用这些力量。这些优秀品格可以激发我们的创造力，让我们有能力去创造事物，构建意义。

∞

但是金无足赤，人无完人，大家犯错的时候，有些好事也会变成坏事。数学也不例外，它有时会被人们用在歧途之上，其中蕴含的各种力量也会扭曲成一种强制力。

强制力会让大家的能力受阻，让大家无法正常发挥自己的创造力。剥夺他人接受教育的机会，实际上就是夺走了他们创造事物的工具。拒绝和"不易相处的"学生一起工作学习，实际上就是阻碍了他们蓬勃发展的步伐。强制力还会限制大家的思想，让大家无法找到自我价值，看不到工作的意义。因种族、性别、宗教、性取向、阶级或身体残疾等因素排斥他人，实际上就是在阻止他们为社会贡献自己的力量，阻止他们找到自身的价值。

为了接受数学教育，部分女性群体不得不想办法面对来自大学的强烈反对，这种事离我们并不遥远。柯瓦列夫斯卡娅（Sofia Kovalevskaya，1850—1891）是俄国的一位著名数学家，因在热传播偏微分方程和刚体旋转理论等领域做出的巨大贡献而享誉全球。然而，在圣彼得堡、海德堡求学期间，她只能私底下偷偷地去听大学课程。后来她来到了柏林，师从著名数学家卡尔·魏尔施特拉斯（Karl Weierstrass），尽管魏尔施特拉斯亲自出面为她请愿，希望当地的大学可以网开一面，让她走进校园去听他的课程，但大学方面完全无动于衷。无奈之下，他只能私下对其进行辅导。当她取得了累累硕果，准备发表博士论文时——这篇论文包含了某项如今令她名冠天下的重要发现——为了找到一所愿意给她颁发博士学位的大学，师徒二人不得不四处奔波。终于，在1874年的时候，哥廷根大学授予了她哲学博士学位，她成了世界上第一位拿到哲学博士学位的女性，可惜她却没能出席学位授予仪式。尽管她的某项博士研究成果已经被当时德国最负盛名的数学期刊发表，可无论在德国还是在俄国，她仍旧找不到工作。无奈之下，她只好放弃数学，拿起笔，投身于小说创作和戏剧评论。[5] 好在六年之后，通过不懈努力，她又回到了自己热爱的数学事业当中，否则之后那一系列卓越的科研成果或许根本无法问世，以其为基础的各种科研发现更是无从谈起。

柯瓦列夫斯卡娅的遭遇表明，强制力有时会隐藏在社会准则当中——因为"自古皆然"。有些人认为，当今社会女性群体再也遇不到这种障碍了，柯瓦列夫斯卡娅的例子早已过时。可我还是希望大家认真思考一下，如今我们遵循的那些社会准则，无论是明面的还是隐性的，会不会成为某些人前进路上的阻碍？如果答案是肯定的，那我们应该考虑考虑，是不是能用手中的力量去做点什么来改变此种清规戒律。

想想那些没能战胜强权、创造力严重受限的人吧。由艾丽卡·沃克（Erica Walke）所著的《超越班内克》（*Beyond Banneker*）一书讲述了 200 多年前非洲裔美籍数学家的故事——若不是偶然间得到了机会，或是得到了他人的帮助，这些人或许根本没有机会去追寻自己喜欢的事业，他们的一身才华只会被人忽视或惨遭打压。[6] 即使在今天，妇女、有色人种或其他弱势群体仍面临着各种各样的障碍，以至根本没有机会去充分发挥自己在数学领域的创造力。

强制力并非总是来自人——它有时会蛰伏在社会结构当中，以不可见的方式默默地发挥着作用。倘若家具设计不当，那些坐在轮椅上的行动不便的人士就无法像正常人一样使用它们。同理，设立某些根本没有必要的前提条件，可能会使得那些来自低收入家庭的学生无法学习高阶课程——哪怕他们为此做好了准备，而原因仅仅是他们在高中阶段没有像其他同学一样遇到深入学习数学的机会。为了评价人们在工作、信誉方面的表现，或衡量某个人是否有资格晋升，当今社会越来越依赖各种算法去给大家评分。如果这些算法的设计没有经过深思熟虑，没有得到恰当的监管，它们反而会在无形当中进一步强化社会中的各种偏见。[7] 由此可见，我们不仅要反思自己行使权力的方式，更要反思自己为什么会放弃权力，转而把它们交给计算机一类的东西。

∞

创造力和强制力截然不同。创造力可以同时增强主体与客体的力量。比如你教给某人一项新的数学技巧,结果就是世界上又多了一个掌握该技巧的人。在你的帮助下,这个人创造事物、构建意义的能力得到了增强。在此过程中,你自己也在成长,因为你的那份力量变得更加得心应手了。有时我们会利用数学知识服务社会,这当然也会产生增强效应。解决世界上任何一个重大问题(治愈癌症、消除饥荒、消灭人口贩卖现象等等),都必然会用到数学知识(利用数学思想、数学建模,或是建立在数学基础之上的发明创造),也必然能解救成千上万个处于困境当中的创造力。此外,一句鼓舞人心的话也蕴含着强大力量。它不会让你失去任何东西,但可以有效地鼓舞他人,提升他们的信心。创造力是一种谦逊的力量,它永远把别人放在第一位,它会想尽办法去解放他人的创造力,而强制力永远做不到这些。学生表现不佳时,一位谦逊的数学教师绝不会一上来就质问他"你这人怎么回事?!",他会从自身出发,问问学生"你觉得我该如何调整教学方式?"。创造力是一种牺牲自我奉献他人的力量。父母会花时间陪伴孩子,和孩子们一起拓展他们的创造力。当你追寻这种创造力时,你也会收获各种优秀品质:你会养成谦逊随和、善于鼓舞、勇于牺牲、乐于奉献的性格,你会尽己所能地去激发暗藏在他人内心深处的创造力。

教育活动家帕克·帕尔默(Parker Palmer)也给出了类似的见解:

教师手中掌握着巨大的力量,这股力量决定了学生拥有怎样的学习环境,它既可以让学生日有所获,学有所得,也可以让学生虚度光阴，不学无术。教学本身就是为学生提供各种学习环境和学习条件，它是一种目的性很强的行为。想要提供好的教育，我们就必须确切地知道自己的目的是什么，确切地知道自己行为背后的内在根源。[8]

想要高效地使用、教授、学习数学，我们就必须认真思考力量相互作用的方式（无论是隐性的还是显性的）：人与人之间如何互动；谁拥有权威；谁拥有自由，谁受到限制；谁需要激励，谁需要劝告；谁被包括在内，谁被排除在外。这些都是和力量相关的问题。如果有什么简单的准则可以用来指导你处理和力量相关的行为，那就是：创造力可以提升人的尊严。我们可以看看"授权"（empower）这个词，向某人授权意味着什么？这意味着，我们肯定了他作为一个具有创造性的人的基本尊严。

我们还要明白，在一个腐败崩坏的世界中，权力往往是一种不劳而获的东西，掌握大权的人并不一定知道该如何正确行使权力。因此，当手中的权力越来越大，你我必须负起责任，把权力用在正道上——用它提升自己的创造力，而不是强制力。创造力不仅仅是一种工具，你不能只是为了达成某些成就而提升创造力。你应该利用创造力让自己成为一个更好的人，利用创造力去养成更多优秀品格，利用创造力去提升自己和他人在所有数学领域中的尊严。

------ 权力指数 ------

政治制度中的权力，能够影响到我们生活的方方面面。正是出于这个原因，数学家和政治学家们开发了各种用来量化权力的模型，夏普里–舒比克权力指数（Shapley-Shubik power index）便是其中之一。

假定现在有一个由 100 人组成的决策机构，分成了 3 个派系，其中 A 派系 50 人，B 派系 49 人，C 派系 1 人。想要通过一项议案，至少要 51 个人同意才行，不过每个派系都是作为一个集体投票的，派系成员不能单独投票。仔细想想就会发现，C 派系虽然只有 1 人，但它仍然可以起到举足轻重的作用。现实生活中其实出现过类似的情况，例如 2017 年在美国参议院，在 50 名参议员投了反对票、49 名参议员投了赞成票之后，参议员约翰·麦凯恩用自己宝贵的一票保住了奥巴马总统的医改法案。

为了量化这种影响力，不妨假设手中攥有投票权的那些派系会以某种特定的顺序走进房间，并逐渐形成一个意见统一的联盟；当联盟人数刚好足以通过某项议案时，就称刚刚进入的那个派系为关键派系。某个派系的夏普里–舒比克权力指数，指的是在全部出场顺序中，该派系为关键派系的那些出场顺序所占的比例。

继续刚才的例子，ABC 三个派系一共有 6 种出场顺序：ABC，ACB，BAC，BCA，CAB，CBA（粗体字母为关键派系）。对派系 A 来说，它在 4 种出场顺序中成为关键派系，其中包括 BAC（因为派系 B 自己不够 51 票）和 BCA（因为 B 和 C 加在一起也不够 51 票）。而对派系 B 和 C 来说，B 只在 ABC 的顺序中为关键派系，C 只在 ACB 的顺序中为关键派系。因此，派系 A 的夏普里–舒比克权力指数为 4/6，B 的指数为 1/6，C 的指数也为 1/6。根据这种衡量权力大小的标准，尽管派系 C 只有 1 人，但它和拥有 49 人的派系 B 有着同样的权力。

假如派系 A 有 48 人，派系 B 有 49 人，派系 C 有 3 人，在这种情况下，各派系的权力指数是多少？请你算算看。你还可以试着分析一下，假如约翰·麦凯恩、苏珊·科林斯、丽莎·默尔科夫斯基这三个人组成了一个集体投票的联盟，并向奥巴马的医改法案投出了反对票，那2017 年的结果会有什么不同。

在《数学与政治》(*Mathematics and Politics*) 一书中，数学家艾伦·泰勒 (Alan Taylor) 和艾利森·帕切利 (Allison Pacelli) 分析了美国总统的权力大小（包括参议院和众议院在内的联邦体系中的权力大小），发现美国总统的权力指数只有约 16%。此外，他们还讨论了其他国家的政治制度，分析了其他和权力相关的概念。*

---

* Alan D. Taylor and Allison M. Pacelli, *Mathematics and Politics: Strategy, Voting, Power, and Proof* (New York: Springer, 2009). The example with groups of sizes 49, 50, and 1 appears in Steven Brams, *Game Theory and Politics* (New York: Free Press, 1975), 158-64.

弗朗西斯先生，您好：

虽然您可能已经给我发了好几封邮件，试图和我取得联系，但我前段时间并不知情，因为从 4 月 16 日起我就一直被关在隔离式牢房（Segregated Housing Unit，又被称为"洞"ᵃ）：自从来到这所监狱，为了表达自己对政府管理方式的不满，我一直在写各种申诉信。我不知道是不是因为这件事，或是因为其他什么事，政府针对我捏造了一些不存在的暴力事件，然后以此为由把我关在了这里。

克里斯
2018 年 6 月 3 日

---

a　"洞"（the hole）是单独监禁的口语化表达方式。在此前的几个月里，我和克里斯一直在使用监狱里那套受限的电邮系统进行交流。后来我连续数周都没有收到他的消息，心里有点担心。收到这封信，再次和他取得联系之后，我们马上恢复了正常的邮件通信。克里斯在单独监禁的牢房中待了 5 个月，其间他和其他囚犯几乎没有任何联系。2018 年 8 月，为了抗议自己遭受的不公平对待，他绝食了 26 天。不过当时他所在的监狱并非本书开头提到的松节监狱，也不是他目前正在服刑的这座监狱。

9 10 11

公正

———

公正。亲自见到某个人时（或是认真评判某个人时），你可能会惊讶地发现，他和你之前所预想的有很大不同，或者确切地说，我们要换一个角度，或是用全新的眼光去看待他。每个人都在无声地呐喊，期望自己能够得到他人的正确解读。

——西蒙娜·韦伊

我最喜欢的那家中餐厅做菜非常地道，口味和我父母做的饭菜别无二致。点完主菜以后，他们还会赠送一些小份的开胃菜和甜点。虽然这些开胃菜（脆面条）和甜点（果冻）不太正宗，但毕竟是赠品，我也没什么好抱怨的。

　　不过有一天，当我和一位讲中文的朋友一起去用餐时，事情出现了改变：端上来的开胃菜不再是脆面条，而是美味的腌黄瓜，可是我的朋友并没有跟服务员提过这种要求。后来我发现，甜品也不一样了，变成了红豆汤——我小时候最喜欢红豆汤了！我感到很奇怪，为什么

之前餐厅没给我提供过这些东西呢？

我逐渐发现了规律：如果我的同伴不是亚洲人，餐厅会提供脆面条和果冻。但如果我的同伴是亚洲人，不用我提要求，餐厅就会自动把好吃的东西端上来。

我还发现，服务员会给我的中国朋友提供一份完全不同的菜单，也就是"秘密菜单"，上面的菜品明显更为正宗。我环顾餐厅，注意到一个奇怪的现象，哪怕大家紧挨着坐在一起，用餐体验也完全不同：非亚洲人士会拿到一份标准菜单，获赠一份果冻；亚洲人士会拿到一份秘密菜单，然后享用正宗的红豆汤。

服务员跟我说："你不会喜欢那份菜单上的东西的。"尽管我有中国血统，服务员仍旧做出了这种假定。只因我操着一口流利的英语，他们就觉得我不可能喜欢正宗的中国菜。

数学领域中——无论是在家里还是在教室里——也会发生类似的事情。谁有资格去瞥一眼数学中的那份秘密菜单？谁有机会和我们一同分享数学中的乐趣，例如谜题、游戏、玩具？谁能得到我们的认可，走进我们的数学圈子，和我们一同分享各种新闻、视频、社交媒体上的文章？我们该鼓励哪些人去学习更多数学知识，劝导哪些人放弃数学？我们在有意或无意中做出了哪些假设？

∞

明美（Akemi）是我的学生，从本科时期就开始跟着我做数学科研项目。她曾将博弈论（一种研究决策过程的数学模型）和系统发生学（主要研究各种生物之间的关系）结合在一起，写出了一篇极具创新性的论文，并成功发表在一份声誉极高的数学生物学期刊上。后来她又去了一所顶尖的研究型大学，攻读数学博士学位。所以得知她仅读了一年就选择辍学的消息时，我感到有些不可思议。

她告诉我，她经历了太多糟心的事情。她的导师一直不愿意和她见面，此外，她还因为自己的女性身份经历过许多令人不快的事情。她举了这样一个例子：

> 课程刚开始的时候，作业都是助教在批改，我的分数一直都是满分 10 分。有一天，杰夫（我们都认识的一个朋友）跟我说，某次他和助教出去玩的时候，有人问他这门分析课程的学生表现如何。助教回答的时候一直在夸某个名叫明美的"小伙子"，说"他的"作业是多么多么的完美，解题思路是多么多么的清晰，等等。后来杰夫告诉助教明美其实是个女孩，助教感到十分震惊。（杰夫之所以告诉我这件事，是因为他觉得很有趣：首先，助教居然觉得明美是个男孩的名字；其次，助教得知真相时脸上的表情实在太夸张了。）自此以后，我的作业再也没有得过满分，试卷上的评分标准也越来越苛刻——大部分的扣分原因都模棱两可，旁边的批注也都是"细节可以再丰富一下"之类无关痛痒的话。我不觉得我对知识的掌握水平会下降得如此之快，如此夸张。不过怎么说呢，没准儿真的是我搞错了，或许我真的有所退步吧。

如果你觉得这种现象的确存在某些问题，那么恭喜你，你心中的这种感受正是人生繁荣发展的某个重要标志：对公正的渴求。公正是人类内心深处的一种基本渴求。

公正意味着公平对待他人——让每个人都能得到应得的待遇。这意味着我们要为那些最容易受到不公正待遇的弱势群体发声。有些宗教传统（包括我的）会提倡多照顾孤儿寡母，多关心移民和穷人。我认为数学领域中也存在类似的人，比如那些缺少支持的人，那些缺少数学背景的人，那些刚刚接触数学的人，以及那些缺少数学资源、找不到学习途径的人。他们便是数学领域中的弱势群体。

有人把正义分成了两类：基础正义（primary justice）和矫正正义（rectifying justice）。[1] 二者都很重要，缺一不可。基础正义主要指人与人之间正确的相处方式：彼此关怀，互相尊重，当然还包括为了实现这种愿景而建立起的各种社会实践和社会制度。如果我们可以公正地对待他人，自己也能够得到公正对待，人类社会就可以实现蓬勃发展。

矫正正义指的是发现错误，努力改正。倘若我们已经彻底实现了基础正义，矫正正义便无从谈起。不过现实并没有这般美好，不公现象无处不在。建立在强制力之上的相处方式具有极强的破坏性。有些人、有些制度会以难以察觉的方式，默默地催生各种不公现象。

西蒙娜·韦伊意识到，想要矫正不公现象，我们就必须改变看待他人的方式。"每个人都在无声地呐喊，期望自己能够得到他人的正确解读"，其中"解读"指的就是评判。一方面，明美希望得到助教的公正评判，可另一方面，这位助教很可能根本没意识到他做错了什么。这就是所谓的隐性偏见：潜意识中的刻板印象会在无形当中影响我们的决策。在批评明美的助教之前，我们必须明白，想要实现人与人之间的正确解读，我们需要从自身做起。我曾参加过一个诊断测试，结果发现自己身上也存在着隐性偏见的问题，于是我清醒地认识到，尽管我已经很努力地去做到公平公正，可还是无法彻底摒弃偏见。[2]

我们每个人的心中都存在隐性偏见。大量实验表明：对于两份除了姓名（一个带有正面的刻板印象，另一个带有负面的刻板印象）之外几乎一模一样的简历，评委会对姓名带有正面刻板印象的那份简历给出更高的评价。哪怕评委自己就来自负面刻板印象的群体，也会出现这种情况。此外，类似的研究结果证实，学生们的数学成绩和教师与家长的刻板印象有关。例如，2018年一项针对小学数学考试成绩的研究表明，与校外不清楚学生具体性别的评估人士给出的分数相比，校内教师给女生打出的分数偏低（男生偏高），而且这种偏见会带来长期的、持续性的负面影响，具体表现为，和其他人相比，这些女孩升到高中以后更不愿意学习高阶数学课程。[3]此外，2019年的一项研究表明，在一个性别偏见程度更强的数学老师的班级，中学生数学成绩中的性别差异会进一步扩大，女孩们的信心会进一步下降。因为表现不佳，她们在升学择校时会主动选择一些要求较低的高中。[4]此外，父母的刻板印象和对待孩子的态度会让这些问题变得更为复杂，而妇女和少数族裔遭受的影响要更为严重。

如果你相信数学是为了人类繁荣，那么事实可能会令你失望。看看那些统计学数据吧，在数学的学习领域、研究领域，并非所有人都能够做到蓬勃发展。所有种族、民族都有不少学生把STEM（科学、技术、工程、数学）列为主修科目，这些学生占全部学生人数的比例在各种族、各民族中其实都差不多。不过，从成功完成学业、拿到STEM学位的学生比例来看，处于弱势地位的少数族裔明显更为吃亏，其比例仅仅是白人群体的一半多。[5]低收入家庭大学生的毕业率和第一代大学生的毕业率，远远低于非第一代大学生的毕业率。STEM学科的学习中也存在类似的情况。[6]在STEM领域，女性中途退出博士研究项目的比例显著高于男性。STEM就像独木桥，能够成功过桥的人，绝大多数都来自家庭条件较为优越的白人群体和男性群体。[7]越来越多的人因失去兴趣而放弃了STEM，该现象在弱势群体当中尤为突出，"不公正"三个字在这里体现得淋漓尽致。

即便只是谈论百分比，我们似乎也能感受到那种零和博弈的紧张气氛，就好像我学了 STEM 专业你就不能再学了。然而现实呈现了另一番景象：我们的生活越来越依赖于 STEM 学科，世界需要更多掌握数学技能的人才。2012 年，美国总统科技顾问委员会给出了一份名为《为了超越而学习》的调研报告，报告估计，为了保持人类在 STEM 领域的卓越表现，与目前预期的情况相比，仅美国一个国家就需要在未来 10 年内再多培养 100 万 STEM 领域的毕业生，才能填上人才缺口。尽管数字震撼人心，但我们似乎忘记了另一个显而易见的事实：当一身才华得不到施展机会，那些本可以凭借科研成果造福全人类的天才被白白埋没时，全人类都会蒙受巨大的损失。如果连发挥才能都变成了一个遥不可及的梦，那社会繁荣又从何谈起呢？

为了纠正那些不公现象，我们必须严肃地讨论一下种族、性别、性取向、社会阶层、城乡差异等问题，以及部分群体在数学领域中被边缘化的现象，因为这些问题或现象一旦处理不当，就会进一步增加人与人之间的距离。在讨论过程中，我们可能会产生一些复杂情绪，不过我们必须克制自己，让自己适应这些尖锐的话题，然后倾听彼此的经历，深刻认识到别人所遭受的痛苦。如果有人正在受到伤害，而你想帮助他们，让他们感受到尊严，你就不应无视他们的痛苦——你应该直接问他们："究竟是什么事让你这般痛苦？"

"我不去想那些有的没的，我对大家一视同仁。"这种态度并不能解决问题，因为无论在哪个群体当中，个体的表现和行为都会影响到所有人。那些被边缘化的群体或许根本没有机会说出这样的话，因为正是那些"有的没的"的事情影响着人们每一天的生活。

所以我们应当彼此鼓励，好让大家都能参与到讨论中来。我们不要急着去分享，而是要先学会倾听，如果有人说了蠢话，要迅速原谅彼此。人无完人，讨论过程中难免犯错，这没什么，总比默不发声置身事外要强，大家保持风度多一分理解就好了。

∞

作为一名华裔美国人，我想跟大家分享一下我亲身经历过的种族问题。我在得克萨斯州的一个小镇度过了自己的童年，白人和拉丁裔是当地的主要人种。很小的时候我就意识到，我们家的礼仪习俗和生活习惯与小伙伴们有所不同——穿着打扮不同，饭盒里的午餐也不一样——这些事情让我在同学中陷于孤立。由于一直被别人指指点点，我特别想变成一个白人。我几乎找不到什么亚裔美国人能够作为我的奋斗榜样。我清楚地记得，每当记者宗毓华出现在电视上时，我妈都会把我叫过去一起收看节目，因为媒体上很少出现黄种人。而我爸则会收集那些由亚裔美国人报道的新闻，把报纸上的相关段落剪辑成册。作为亚裔，我感到无比尴尬，所以我努力学习白人的言行举止，试图让自己看上去像一个白人，尽管我长得并不算白。在公开场合，我会藏起身上一切和亚裔相关的行为特征，故意对中式食物不屑一顾，对中华礼仪漠不关心，同时我还换了发型，调整了衣着打扮和说话方式，尽量让自己看起来和白人朋友一样。

更糟的是，即便在华人社区，我也感到格格不入。我不会说中文，言谈举止也和中国人不一样。在中餐馆用餐的时候，他们会像招待白人一样招待我。这就是在正宗中餐馆里我从未拿到过秘密菜单的原因。像我这样的亚裔美国人，常常会觉得自己生活在两种文化的夹缝当中，总是被两个圈子视为外人，完全没有办法彻底融入其中任何一个。

　　当然，亚裔的身份有时也能给我带来一些好处。比如大家会因为我的亚裔身份刻板地认为我擅长数学，所以我在学习数学的时候从来没有受到过任何阻拦（可惜我的女性朋友们没有这么幸运），参加数学会议的时候也从来没有人质疑过我的资格（可惜我的非洲裔美国朋友们常会遭遇这种事）。不过话又说回来，即便我因亚裔身份得到了一定的便利，我也清楚地知道，那些数学不太好的亚裔朋友，有时会因别人对亚裔的这种刻板印象而感到尴尬。

　　搬到加利福尼亚州以后，我第一次有了自己不属于少数族裔的感觉，因为那里有很多很多亚裔美国人。在得克萨斯州的时候，我常常会被问到这样一个本来不带有什么恶意的问题："你英语真不错！你是哪里人？"在给出"我就是得克萨斯州的"这个答案以后，我总会听到他们追问，"噢，你搞错了，我的意思是，你祖籍是哪里？"在加利福尼亚，这种情况少了很多，我有了一种自由自在的感觉，因为我再也不用面对那些让我感到受伤的话语和问题了。

　　如今，我已经习惯了在各种数学会议上看到茫茫一片的白人面孔，所以我当选为美国数学协会会长之后，看到有人以"愤怒的亚裔"的名义发表了一篇长文时，感觉非常惊讶。（这个人其实是一位著名博主，发表的内容大多与亚裔美国人所遭遇的种族歧视问题相关。）

　　这位"愤怒的亚裔"翻遍了美国数学协会官网上的照片，想要看看在最近 100 年当中有几位会长是亚裔，结果他惊讶地发现，除了我以外，其他历任会长都是白人。于是，为了表达自己的讽刺，他写了一篇题为《可算是找到一个擅长数学的亚裔了》的博客文章。[8]

　　的确，我是美国数学协会会长这个职位上的第一位有色人种。人们在思考"谁能担当大任，成为优秀领导"这个问题时，包括亚裔在内的少数族裔很容易就会被排除在候选之外。虽然这一行为可能是无意识的，但我们在分析谁适合干这个、谁适合干那个时，常常会受到该角色或职位既有形象的影响，脑海中不知不觉就产生了隐性偏见。这是因为，我们根本没有意识到人员的多样化能给行业带来多大的好处，能给人类带来多少新思想、新知识。事实上，由于缺少不同的声音，数学领域已经不再像以前一样多姿多彩。数学教育专家罗谢勒·古铁雷斯（Rochelle Gutiérrez）提醒大家，仅仅因为人类需要数学，并不能够让数学健康发展。为了保证数学的创新性，我们需要多元化的人才："特定人群会因数学而受益，这没有错，但大家总会忽视另一个事实，那就是，数学正是因为这群人的存在才得以壮大、发展。"[9]

我之所以在这里跟大家讨论这些话题，完全出于我对广大数学探索者群体的深厚感情。我希望我们每个人都能够蓬勃发展，让每一位初来乍到的探索者都能有一个容身之所，不要再在意大家的身份、背景。我相信我们可以做得更好。

除了隐性偏见，数学中还有很多东西会影响大家的判断力。

$$\infty$$

我们常常会用成绩来衡量一个人在数学上的成就和前途。其实很多东西都可以证明，这种衡量方式并不可取。我曾遇到过很多成绩并不出色的学生，他们的大学数学成绩基本上都是 B，于是我总是担心他们能否顺利拿到研究生学位。不过事实证明，后来这些学生中有很多人成功拿到了博士学位，甚至在职业数学的道路上大放异彩。

成绩可以衡量进步的程度，但绝对无法说明前途的高低。每个人对数学知识的掌握方式都不相同。你看到的只是他们当前的表现，而不是他们的发展轨迹，也不是他们的职业前景。你无法预测这些人将来在数学领域会有怎样的成就。不过你可以伸出援手，助他们一臂之力。当别人在数学中遇到障碍或瓶颈时，我们不应该降低对他们的期望，而是应该给予他们更多的支持。

根据自身的经验优势去分析别人数学不好的原因，这很容易，但想要感同身受地去理解我们未曾经历过的艰难处境却很难，有时我们根本不知道别人正面临着怎样的麻烦。有位学生曾泪流满面地向我哭诉，因为父母不懂英语，她费了好大工夫才填好了助学贷款的申请表格。由于是移民家庭，她的家人希望她每周末都能待在家里，然而她家的环境并不适合做作业。对很多人来说，大学意味着文化冲击，校园里面有很多不成文的规矩。对这位学生来说，现实过于复杂，简直难以应对。由于现实条件的制约，她没有办法在数学上表现出她最好的一面。

克里斯托弗·杰克逊也饱受现实条件的困扰。身处监狱，他无法和其他人一起学习，而且他已经十多年（也可能更久）没上过学了。他只能尝试走出一条属于自己的数学学习道路，找出一种属于自己的数学表达方式。像我之前那样一边学习一边交流，对于他来说只能是一种奢望。我敢肯定，传统的评估方式根本无法反映他的真实水平。

"成绩不佳"绝对不能成为剥夺学生学习机会的理由。很多 K-12 学校会按照成绩给学生分组——对于分数较低的学生，学校会给他们提供一种特殊的、毫无前途的课程安排——这是多么的不公平啊！决定谁去参加"低水平"课程，这一行为本身就带有偏见色彩。这些学生会被分配到没什么教学经验的教师手中，学习一些根本没有什么用的课程，这些课程完全无法帮助他们走进大学，也无法让他们找到一份好工作。每天的生活就是死记硬背，根本找不到学习的意义，也体现不出人生的价值，这导致他们在数学方面很难有所成就。所以说，按成绩给学生分组这种做法是一种强制行为，必须予以抵制。[10]

∞

我们会先入为主地认为数学和文化之间没什么关系。很多人都会这么想，尤其那些来自优势群体的人。这种观念会导致我们错误地评估学生的知识水平。某位数学家朋友跟我分享了下面这个案例：

> 在某次考试中，我问了一个经典的费米问题，"请估算一下这个城市中有多少位钢琴调音师。"有个学生不好意思地举起了手，小声地问我："请问'调音师'这三个字，指的是人还是设备？"这时我才发现，有些学生觉得水平较高的钢琴家可以自己给钢琴调音，还有些学生认为调音师平常会在乐器商店上班，真正知道钢琴多久调一次音、调一次音要花费多长时间的学生寥寥无几。这次经历让我意识到，自身生活经历在解决问题时有多重要，有些看起来只和数学相关的问题，实际上还会涉及文化背景和生活经历等多种因素。

我当年其实也很有可能一脸茫然，成为那些面带困惑的学生当中的一员，因为我家里没有钢琴，我对它也不熟悉。假如某个学生缺少丰富的生活经历，也没有相关的文化背景，学习数学时总是遇到各种各样的障碍，那他还能在数学中找到归属感吗？虽然文化障碍不可避免，但只要我们能够意识到障碍的存在，就可以想办法减轻它们的影响。

数学教育专家威廉·泰特（William Tate）指出，学习数学时，这种现象在非洲裔美国儿童群体当中十分常见，因为教师采用的教学方案往往都是针对白人中产阶级家庭制订的。他还表示，为了让教学方式更加公平，有必要把整个教学体系和非洲裔学生的现实处境有机结合起来。[11] 他呼吁教师们采用"以学生为本"的理念：允许学生们根据自己的生活经验、文化背景去解决问题，鼓励学生们多角度认知问题，让他们去思考班级里、学校中、社会上的其他人对同一个问题会有什么不同的看法。比如，教师可以把"钢琴调音师问题"优化为一个多样化的估算问题，让学生们根据日常生活和奋斗经历去主动选择自己感兴趣的主题。

∞

我们还会先入为主地认为某些人不会在数学方面取得什么成就，然后告诫他们最好离数学远一点。就像服务员对我说的那样，"你不会喜欢那份菜单上的东西的"。不过，倘若你真的相信数学是为了人类繁荣而存在，那你为什么要干这种事呢？

2015 年，我非常荣幸地成为 MSRI-UP 项目（美国数学科学研究所针对本科生开展的项目）的负责人，该项目的根本目的是为那些学术背景较弱的学生（比如西班牙裔学生、非洲裔学生，以及第一代大学生）提供一次参加暑期调研活动的机会。活动结束后，我让大家讲讲他们在数学学习过程中遇到过哪些障碍。有位在整个暑期表现都十分出色的学生跟我分享了开学以后她在数学分析课程中的经历：

> 虽然这门课程本身就够难了，但教授的羞辱让我更加难过。他让我们觉得自己根本没有数学天赋，甚至还直截了当地建议我

们换一个"更容易的"专业去学。

遭受了太多类似的糟糕经历之后，她把主修专业换成了工程学。

我希望大家能够明白：无论出于什么样的理由，我们都不应该跟别人说她不适合学习数学。学习数学是她自己做的决定，你无权干涉。你并不清楚他人的真实能力。我的一位数学教授朋友跟我分享了他在学生时代的一次亲身经历：

> 事件的主人公是一位教师，当时他把我叫进办公室，避开旁人跟我说了一段话。那段话的开头是这样的："我跟你说这些话没别的意思，只是出于好意……"然后他表明了他的担忧，他说我的资质一般，其实不太适合从事专业数学研究。可是事实证明，我后来的表现并没有像他说的那样糟糕。不过公平起见，我还是得补充一点，那就是几年之后那位教师又找到了我，就当年的言论跟我道了歉。虽然我把他当朋友，但是在研究生培训项目中我还是会用他的例子来告诫大家，任何以"我跟你说这些话没别的意思，只是出于好意……"开头的对话，绝大多数情况下都不会真的出于善意。

大家可以看到，我这位朋友如今已经成为一名颇有成就的数学家。由于彼此之间的了解其实十分有限，上面那种劝告很容易把个人偏见掺杂进去。

另一位来自 MSRI-UP 项目、名为奥斯卡的学生跟我分享了他的学习经历。尽管他的主修科目也是数学，但由于自身特殊的背景，他没能像周围的同学一样，在进入大学之前就拿到很多进阶先修课程学分。

在学习复分析时，我发现自己的学习经历和其他人很不一样。当时有位同学正在黑板上推演解题步骤，过程涉及一些复杂的推导方式。他一边跳过了几个步骤，一边跟大家说："我觉得这里可以省略一些代数过程，反正大家早就学过微积分了！"教授点头表示同意，同学们也发出了会心的笑声，只有我一头雾水。我小声地跟教授说，我上大学之后才开始接触微积分。教授十分惊讶："哇哦，我之前不知道你的情况，居然有这种事！"其实从刚开始接触数学的那一刻，我就不是那种"数学尖子生"，我不知道自己是应该为此感到自豪还是尴尬。自豪是因为我的起点并不高，但如今我还是凭借自身努力来到了大学校园，朝着数学学位冲刺；尴尬是因为类似刚才发生的那些事情，让我感觉自己好像从一开始就不属于这门课程，不属于这间教室。

奥斯卡之所以会以这门课程作为大学课程的开端，是因为他得到了另一位教授的大力支持。奥斯卡表示：

她为我提供了第一次做科研的机会，还经常鼓励我学习更高深的数学知识。此外我常常会向她吐露心声，跟她分享我作为一名"数学当中的少数派人士"在学习过程中遇到的种种困难和内心的挣扎，因为作为一名女性，她也有过和我类似的经历！后来，那位复分析教授也成了我的导师之一。由于她并不清楚她当时的反应可能会伤害到我的感情（我觉得她未必有什么过错！），我决定把那件事当成一个笑谈。当时像我一样数学功底较弱的学生很少，我本来就因此而缺乏自信，她当时的反应只不过让我更加不自信罢了。

其实，奥斯卡的数学底子并不弱——绝对在标准线以上。我可以自豪地告诉大家，奥斯卡和他的团队在暑期时就根据他们的调研项目发表了一篇论文，如今他已经成功迈入了研究生阶段。

从奥斯卡的经历中我们可以感受到他人的支持有多么重要，我们需要身旁能有人鼓励我们："我看到了你的表现，我认为你完全有能力在数学方面取得一番成就。"这种鼓励对每个人都很有效，不过对那些边缘化群体来说更为难能可贵，因为他们听到了太多反对的声音，有太多人认为他们不适合从事数学工作。你能不能成为那个善于鼓励他人的人呢？

我们决不能过于精细地区分学生们的学习水平，把他们分成三六九等，因为这样会让那些底子较弱的学生处于不利地位，让他们觉得自己好像低人一等。我在哈佛大学教书的时候就发现，学校把微积分课程分成了三个等级，分别是普通微积分，被称为"数学25"的快班微积分，以及更高级的、专门为数学底子极强的学生开设的、被称为"数学55"的超快班微积分。讽刺的是，有很多快班的学生会因为当初没能进入超快班而觉得自己根本不应该把数学当作主修专业，我自己就遇到过好多这样的学生。我不得不反复告诉他们，"数学底子和所在班级都不能说明你的能力"，好让他们安心学习。我希望大学的招生部门和研究生院的招生部门也能牢记这一点。在谈到研究生阶段的学习障碍时，数学家比尔·韦莱斯（Bill Velez）说过这样一段话："在数学当中，虽然很看重创造力，但我们还是会通过各种手段评估学生的知识水平。为了控制招生人数，各院系会设立一定的入学门槛，效果可以说是相当不错。可是这样一来，进入一流院系的少数族裔学生就越来越少了。"

∞

对公正的不断追寻，可以激励我们去学习更多数学知识，以便有机会矫正各种不公现象，好让那些在数学中处于弱势地位的人（数学中也有像"孤儿"一样需要他人帮助的人，像"寡母"一样需要群体支持的人，像"移民"一样初来乍到的人，像"穷人"一样缺乏机遇的人）能有一个更好的学习环境。在追求数学正义的过程中，我们可以养成很多优秀品格，比如对边缘化群体的同情，对被压迫者的关怀。有时只有站在弱势群体的角度设身处地地想一想，我们才能真的明白他们正持续不断地遭受着怎样的压迫。我们这些条件较好的人，有必要为那些弱势群体提供一些力所能及的帮助。

数学老师乔希·威尔克森（Josh Wilkerson）把他的 AP 统计学课程打造成了服务学习项目的一部分，并和得克萨斯州奥斯汀市的流浪者援助小组合作，一起进行调查研究和数据分析。为了打破大家对流浪者先入为主的印象，让大家对流浪者失去家庭的原因有一个正确认知，学生们会被要求阅读大量和流浪者相关的"非数学"文章。此外，他们还会进行各种调查活动，和曾经流浪过的人面对面交谈。正如乔希·威尔克森所说："我希望他们能够意识到，每一个数据点的背后都是一个活生生的人，这个人有自己的故事，而这个故事相当重要。"

对公正的不断追寻，会让我们勇于挑战现状。无论是在学校，还是在工作场所，甚至是在家里，都存在着大量不公正的行为，这些行为已经深深植入了社会的运作方式当中。尽管人们总是得到不同的"菜单"，但从未有人为此发声。有些现象我们从未承认过它们的公正性，但由于我们早就习以为常，已经很难意识到它们的存在，导致它们可以长久地藏身于社会运转方式当中。我们需要一些头脑清醒的人，能够站在社会的怪圈之外呐喊，引起大家对不公现象的关注，呼吁大家改变那些畸形的社会运转方式，让每一个人都能够有尊严地面对数学，都能够在学习过程中感受到他人的关怀。

我梦想着有一天，社会上不再有秘密菜单，每个人都可以根据自己的喜好去学习数学知识，提高数学能力，尽情品味数学当中的各种美味佳肴。或许不久的将来，他们就能成长为一名数学领域的美食鉴赏家，甚至是厨师。我期待这一天的到来。

刚才讨论了数学群体当中的不公行为，但实际上也可以反过来，用数学方法研究什么是公正。在数学和经济学的交叉学科中，有一个被称为"公平分配"的研究领域，主要关注几个人之间公平分配东西的方式。"如何公平地切分蛋糕"便是一个极为典型的问题。可以利用数学中的集合和函数给大家的偏好建模。下面这个问题促使我展开了相关领域的研究：

你和大学校友决定一起租房，而且你已经找到了一个不错的房子。可是，房子中的房间大小不一，各具特色，大家的喜好也各不相同。在大家喜好的房间不存在冲突的情况下，我们是否总能找到一个完美的方案来分摊租金？

答案是肯定的，不过需要一些前提条件。1999 年，我证明了下面这个结论：

租金和谐定理（*Rental Harmony Theorem*）

假设下面这些条件全部成立：

1. "房子很好"：在每一种租金分配方案中，大家都能够根据相应价格找到自己满意的房间。

2. "封闭偏好"：当租金发生变化，甚至开始接近极值时，如果房客还是愿意住在当前的房间里，那么当租金达到极值时，他还是会保持当前的喜好。

3. "囊中羞涩"：与付费房间相比，人们总是更喜欢免费的房间。

那么一定会存在一种租金分配方式，让每个人都能找到自己满意的房间，且彼此之间不存在任何冲突。

定理的证明借鉴了几何学和组合数学（一门研究计数方法的学科）中的思想，为租金的合理分配提供了一个标准解决方案。当时有位《纽约时报》的记者利用我的方案成功解决了他的租金问题，于是他写了一篇报道，并在网上发布了一个基于此方案开发出来的交互程序。我建议你亲自体验一下这个程序。*

顺便说一句，若把"囊中羞涩"这个条件去掉，则该定理仍然成立，只不过会出现"负租金"的现象。换句话说，你仍然可以找到一个让大家都满意的方案，但是你有可能不得不自掏腰包，无偿地请别人来与你合租！

.

---

* 想了解租金和谐定理，参见：Francis E. Su, "Rental Harmony: Sperner's Lemma in Fair Division," *American Mathematical Monthly* 106 (1999): 930-42。《纽约时报》发表的文章作者是 Albert Sun, "To Divide the Rent, Start with a Triangle," *New York Times*, April 28, 2014, https://www.nytimes.com/2014/04/29/science/to-divide-the-rent-start-with-a-triangle. html；想了解交互程序，其网址是：https://www.nytimes.com/interactive/2014 /science/rent-division-calculator. html。

弗朗西斯先生，您好：

之前为了联系上我，您给监狱打了一通又一通电话，对此我实在是感激不尽。大家在监狱外面所做的各种努力，如今渐渐起到了效果，我应该很快就能出去了。8 月 31 日那天，我终于拿到了您的来信（8 月 16 日至 8 月 28 日期间，他们强迫我接受"医疗观察"，导致我收不到任何邮件）。现在我应该可以正常发送邮件，把发生在我身上的事告诉您了，因为我和政府基本上已经达成了妥协，这一切很快就可以结束了。我估计明天就能有个结果。

我从您那里学到了一件很重要的事情，那就是对于数学，我们不仅要掌握思维，还要发散思维。换句话说，我们不仅要理解数学当中的各种思想，还要探索与数学相关的各种思想。（下面的内容可能有点跑题了。）我还记得第一次踏进思维殿堂时的情形……当时我 16 岁，住在一个集体之家当中。负责照看我的社会工作人员给了我 3 本书，其中包括《孙子兵法》，虽然这个书名会让很多人望而却步，但站在谋略和战略的角度来看，它无疑是一本旷世奇书。无论是哲学问题，还是更玄妙的形而上学的问题，无论是内部争端、外部冲突，还是为人处世、人际关系……它都能予人启发，让人茅塞顿开。唤起我对哲学的兴趣之后，这些书又引领我领教了政治学、经济学、商学的魅力，最终把我带到了数学面前，令我驻足良久。

2018 年 9 月 5 日

弗朗西斯先生，您好：

9月7日那一天，我停止了绝食抗议。他们要把我调去另一个地方——下周我应该就会坐着大巴离开这里了。动笔写这封信的时候我还没来得及吃东西，因为当时我简直是文思泉涌，感觉有好多话要说。可惜我的双手越来越不听使唤，思绪也越来越缥缈，因为我的血糖数值实在太低了，一直徘徊在65左右。

后来我逐渐发现，在我见过的所有思想、概念当中，无论它们属于单学科领域还是跨学科领域，都存在着差不多的基本逻辑，比如秩序、关系、组织、结构、过程等等。

从您这里我学到了大量数学理论，以及各种和数学相关的知识。我不由自主地想到了这样一个问题：您觉得数学是否可以把上面那些基本逻辑串联在一起？

克里斯

2018年9月9日

10 11 12

自由

任何教师都能把一个孩子领进课堂，但并非每一名教师都能让他学到东西。无论这个孩子是忙是闲，想要让他学习知识，都必须让他意识到学习的主动权掌握在他自己手里。只有见证过胜利的曙光，品味过失败的苦涩，他才能下定决心，将枯燥与乏味视为必不可少的磨砺，日复一日地埋头苦读，为蜕茧成蝶的那一瞬间不懈努力。

——海伦·凯勒

（Helen Keller）

为了得到自由，我们必须付出很多东西。自由伴随着责任。

——埃莉诺·罗斯福

（Eleanor Roosevelt）

我觉得接下来这个故事很切合本章的主题。这周六早上，我参加了一项给孩子们读书的公益活动。面对眼前这些来自洛杉矶某个贫困社区的拉丁裔和非洲裔儿童，看着他们热切的目光，我决定挑一本轻松活泼的图画故事书，给他们讲一讲海边的故事。我本以为他们肯定会喜欢的，可是声情并茂地读了几页之后，我发现我的这份热情并没有传递给孩子们。

　　于是我停了下来，问道："你们之前谁去过海滩?"

　　令我感到惊讶的是，尽管这里离海边只有 15 英里，8 个孩子当

中只有一个孩子举起了手。去海边玩难道不是每个加州人都会做的事情吗?

仔细想了想我才意识到,对低收入社区的孩子来说,父母为了维持生计通常要打好几份工,可能根本没有时间,也没有充裕的预算开车带着家人到海边玩。后来我的一位非洲裔美国朋友听说了这件事,他跟我解释说,受吉姆·克劳种族隔离法的影响,非洲裔群体被系统性地排斥在了海滩和泳池之外。这种现象不仅存在于南方,整个美国都是这样,当然也包括洛杉矶。我之前完全没有意识到这一问题。

唉,受历史、文化、经济等关键因素的制约,这些孩子很难去海滩玩耍,我之前怎么就忽视了这一点呢?这件事使我开始反思,我之前的所作所为到底能不能成功激励学生们去学习数学?他们的生活背景是不是也很重要?我是不是忽视了这些问题?哪些经历改变了他们的人生轨迹?哪些经历正在对他们造成重大影响?这些经历会不会在学习数学时给他们带来阻碍,让他们少了很多机会?反过来说,这些经历会不会给他们带来某些得天独厚的学习优势?数学领域会不会也像海滩一样,虽然挂着"面向所有人开放"的告示牌,但实际上还是有所限制?

就我而言,海滩就成了各种自由的隐喻,映射到数学之上就是:有些人被赋予了自由,有些人则被剥夺了自由。既然每个海滩都应该广迎八方客,那么每个数学领域也应该向所有人敞开大门,让大家都能拥有我们接下来将要提到的那些自由。对那些有幸以恰当的方式体验过数学的人而言,这些自由本身就是数学魅力的一部分。相反,扼杀这些自由会造成恐惧和焦虑,让大家失去学习数学的勇气。

自由是人类的基本渴求。它既是载入史册的人权运动的中心思想,也是人类繁荣的标志。我们需要宏观意义上的自由——富兰克林·罗斯福总统曾经说过，所有人都应该享受这四种自由：言论自由、宗教自由、免于贫困的自由、免于恐惧的自由。其实除此之外，我们也需要各种微观但同样重要的自由，比如时间上的自由、抉择中的自由。

下面我会着重分析一下数学领域中五种至关重要的自由：知识的自由、探索的自由、理解的自由、想象的自由、被他人接纳的自由。作为数学探索者，你应该知道它们的存在，然后去努力争取，同时愿意帮助自己身边的每一个人实现这些自由。

∞

知识的自由的重要性容易受到低估，因为倘若你拥有这种自由，你只会觉得理所应当，但如果没有这种自由，你也不会意识到缺少了什么。假如你想要体验海滩上的自由，那么你必须对它的情况有所了解，知道海滩上有哪些娱乐方式，知道该如何游泳、冲浪、潜水、野餐、晒太阳、打沙滩排球等等。对任何一个去过海滩的人来说，这些都是显而易见的东西。可是，如果你和那些孩子一样，对海滩一无所知，你就不会知道海滩上有怎样的快乐在等待着你。

在数学世界，知识的自由也是一种最基本的自由。如果你只知道一种解题方法，那么你在处理问题时就会受到限制，因为对某些特定问题来说该方法可能并不适用。如果你掌握了多种解题方法，你就可以自由地挑选那些最简单、最具启发性的方案。数学可以让你在解决问题时找到更多策略。

数学家阿瑟·本杰明（Art Benjamin）被称为"人形计算器"——他可以凭借心算完成五位数的乘法。尽管有着如此令人惊艳的本事，但他认为数学的乐趣并不在于计算，而在于尝试用不同方案简化计算，从中找到最便捷的算法。[1]虽然我没有和他一样优秀的计算能力，但我在计算时也会使用一些类似的技巧。比如，对于 33×27 的心算，我可以想到四种不同的算法。

首先，我可以采用"标准"算法：先算 30×27，再算 3×27，最后把结果加到一起。具体过程就是 $(30 \times 27) + (3 \times 27) = 810 + 81 = 891$。我觉得这些中间步骤对心算来说有些过于烦琐。

其次，我可以把 27 拆分为 3×9，先计算 33×3，再用结果乘以 9。具体过程为 $(33 \times 3) \times 9 = (100 \times 9) - (1 \times 9) = 900 - 9 = 891$。这种算法看起来比标准算法简单。

再次，我可以把 33 拆分为 3×11，先计算 27×3，再用结果乘以 11，即 81×11。乘以 11 时有个小技巧，可以简化计算过程：把 81 拆成 8 和 1，再在其中插入二者之和（9），就能算出最终结果是 891。[①]

最后，我可以利用代数中的一个恒等式：$(x - y)(x + y) = x^2 - y^2$。由于 $27 = 30 - 3$，$33 = 30 + 3$，所以我们想得到的答案就是 $27 \times 33 = 30^2 - 3^2 = 900 - 9 = 891$。

若有人要我快速求出 33×27 的结果，我会看看背后的箭囊，挑一支最锋利的箭矢来解决这个问题。对我来说，上面的四种算法就是箭囊中全部的箭矢。知识的自由，可以帮助我们扩充箭囊的容量。

———————————

① 注意，在利用这种便捷算法的时候，如果"二者之和"大于等于 10，请记得在前面那个数字上"进一位"。以 75×11 为例，7+5=12，此时我们把数字 12 个位数上的 2 放在 7 和 5 的中间，得出结果 725，然后把数字 12 十位数上的 1 加到 7 的身上，也就是前面所说的进一位，由此得到结果 825。学了代数以后，你就会明白这种便捷算法的原理：任意两位数乘以 11，可以写作 $(10a + b) \times 11 = 110a + 11b = 100a + 10(a + b) + b$，由此可以看出，最终结果就是把个位数与十位数上的数字相加，然后放到二者中间。

我之所以会想到知识的自由，其实是受到了克里斯托弗·杰克逊的启发。他曾对我说，所谓自由，指的就是"知道自己全部底牌，所有选项一目了然"的状态。他在狱中下棋时悟到了这一点。只要限制了你在棋盘上的选项，你的对手就可以控制你、支配你。正如克里斯所言：

> 如果有哪位技艺高超的棋手达到了知识自由的境界，那么无论在棋盘上的哪个位置，无论局面是领先还是落后，这位棋手都可以发挥出高超的水平。不知道手中有何选项的人，其实就像一位腹背受敌、左支右绌的棋手。就算你这边藏着柳暗花明的走法，但如果你不知道这种走法的存在，那它跟不存在没什么区别。这就好比某位棋手发现对手那边只剩下一个王，自己这边也只剩下两个象去对付他。由于不知道两个象可以将死对面的王，这位棋手被迫选择了和棋。可是，如果这位棋手接受过相关指导（受过教育），知道两个象也能将死对方，那么他遇到类似情况就可以直接赢下棋局。在我看来，教育最大的意义就在于它可以引领人们走进知识的殿堂，帮助大家找到属于自己的成功之路……
>
> 教育可以让我们"站在更高的角度看待问题"，给予我们超越自我的机会，使我们有能力去帮助他人，让大家在知识的照耀下共同进步，共同提高。

理解了"知识的自由"之后，我们便会明白，教育不仅对个人来说至关重要，它对全人类而言还有一层更重要的意义：引领大家不断进步，帮助人们实现蓬勃发展。

∞

数学学习过程中应当存在的第二种基本自由，是探索的自由。就像在广阔的海滩上游玩一样，你可以看到漂亮的贝壳，听到悦耳的潮声，甚至可以去找一找埋在地下的宝藏，数学的学习也应该是一个探索的过程，只有这样才能调动起我们的创造力、想象力，让我们感受到数学的魅力。可惜的是，有些教育方式没能给大家提供这种自由。说到这里我想到了我的父母，在辅导我数学时，他们的教育方式存在巨大差异，母亲让我感受到了探索的乐趣，而父亲只会让我觉得学习是一种责任。

总之，他们都希望我从小就可以学习数学，所以在学龄前父亲就教我识数，练习算术。由于工作繁忙，他会给我准备一大堆加法算术题，好让我无心玩耍。作为一个听话的孩子，我遵从了父亲的安排，但我心里总觉得这件事没什么意思。"把这套题做一下，"他总是这样跟我说，"除非你全做对了，不然不许出去玩。"

父亲的这种教育方式，其实只是一种单向的信息传输。讲解一下解题技巧以后，就开始让我一个人练题，大部分时间里，我只是在按照他教给我的规则计算，完全弄不懂这些规则是什么意思。虽然我学会了利用"进位"来计算结果大于 10 的加法，可实际上我根本不知道自己在干什么。我不过是把规则背下来了而已。而且只有在我表现不错的时候，父亲才会给予表扬和奖励。如今，平心而论，我的父亲肯定算得上是一名好父亲，可从另一方面来说，他也的确像其他亚裔移民家长一样，迫使我在考试没拿到"优"的时候产生一种羞愧之心，不敢面对父母。这完全称不上自由。

和父亲相反，我的母亲采用了一种启发性极强的教育方式，她会引导我发现事物之间的联系。她会陪我一起做游戏，用游戏锻炼我的数字思维，培养我总结规律的能力。她还会坐在我的身旁，和我一起阅读与计算相关的图书。那些图书的启发性也很强，书里充满了令人惊奇的事物，让人读起来甘之如饴，总是能够令我联想到更多问题。比如我当时思考过这个问题：苏斯博士怎么会有11根手指？他甚至不是你想的那样，一手5根，一手6根，而是一手4根，一手7根！这些异想天开的设定，让我产生了更多的想象。在母亲的引导下，我体会到了探索的自由，感受到了询问的自由，我可以毫无顾忌地思考一些怪诞的问题，我甚至会因为天马行空的想法和问题受到母亲的表扬。

哪怕迈入了新的学习阶段，这种自由仍然是数学学习过程的核心内容。高中时期，我参加了一个由得克萨斯大学奥斯汀分校以招生为目的举办的讲座，主题是"无限"，演讲人是数学教授迈克尔·斯塔伯德（Michael Starbird）。他的演讲风格完全不同于我在高中校园里遇到过的任何一场演讲。他的互动性极强，还会不断地向观众提问——仿佛在邀请我们和他一起探索数学。我以前从没见过哪个演讲者能让一屋300多人全部聚精会神，乐在其中。这种互动方式实际上就是主动学习法（一种教育方式）的一个经典案例。演讲结束时，我不禁产生了这样的想法：哇哦，如果每门课程都能像这场讲座一样，那大学生活该多么有趣啊！

后来我顺理成章地进入了得克萨斯大学。由于学校准许我免修微积分，再加上我觉得自己数学"不错"，我干脆跳过了微积分，直接开始学习后续课程。很可惜，这门课程的风格相当传统——教授大多数情况下都是直来直去地讲课，没有什么互动，学生们只能枯燥地埋头做笔记。第一天上课时这位教授就聊起了和矩阵相关的内容，可我之前从来没见过这些东西，学校也没说必须学过矩阵才能选修这门课。（矩阵是一组数字，相关内容通常会安排在这门课程之后才学习。）紧接着他开始对矩阵求幂——他写下了自然常数 e，然后在它的右上方列了一组数字。对我来说，这就像用牛油果刷牙，用钱包装猫一样，让人一头雾水。

我环顾四周，发现除我之外其他人好像都知道教授在算什么。我有点惊慌，但也不敢举手发问，因为其他人的表情都很镇定，教授也没让我们问问题。我只好一边看着各种奇怪的符号在黑板上飞来飞去（就像键盘上的符号锁定键坏了，屏幕上不断地蹦出一串又一串怪异字符一样），一边老老实实地做笔记，可事实上我根本不知道我写的是什么。这还只是第一天的遭遇。之后的整个学期，我一直都在努力地跟上大家，可我的进度总是落后两个星期，这就导致我的知识水平总是不够用，做作业和考试时经常会遇到不会解的问题，只能乱猜一气。我就像一只仓鼠，奔跑在速度由别人掌握的轮子上，总是害怕一不小心就会掉下去，在大学第一门数学课上就摔得鼻青脸肿。这完全称不上自由。

$$\infty$$

从上面这个故事中，我们还能看到数学学习中的第三种自由：理解的自由。这门课让我明白了一个道理，那就是如果你一直在假装自己已经理解了某些知识，那么那些你实际上并没有真正理解的知识将会永远困扰着你。你会发觉身旁所有人都知道自己在干什么，只有你像个冒牌货一样，根本没有资格和他们坐在一起。相反，真正的理解意味着你只需要耗费很少的脑细胞就可以记住那些公式和步骤，因为你明白它们的具体含义，知道它们的关联，可以把它们有机地结合在一起。虽然说好的数学教育应当提倡这种自由，而不是抑制这种自由，但对个人学习者来说，即便我们所处的教育环境没有提倡这种自由，我们也要努力加深自己对知识的理解。这也是学习数学时较为困难的地方之一。

第一门课程结束之后，我一直在考虑自己是不是应该放弃数学专业。不过深思熟虑之后，我决定再给自己一次机会。我又选了一门数学课程，这次遇到的教授风格很不一样，他更喜欢互动，也更加平易近人，成功帮我找回了学习的自信。之后，第二学年，我选修了斯塔伯德教授的拓扑学课程——一门研究如何拉伸东西的学科。更准确地来说，拓扑学主要研究的是在连续形变的过程中，几何对象身上有哪些不随形变而变化的属性。出于这个原因，拓扑学有时也被称为"橡皮膜上的几何学"。也就是说，在这门课程当中，图像的绘制尤为重要，你几乎遇不到任何数字！

令我喜出望外的是，斯塔伯德教授采用了"探究式学习"的教学方法。课堂上没有任何枯燥的说教，相反，他给我们列出了一串定理，然后向我们提出了挑战，看看谁能率先给出准确的证明。在他的精心引导下，我们经历了一次又一次的互动式学习，最终学会了如何表达自己的想法，如何让自己的想法通过同行们的严格审阅，然后得到他们的认可。教授的这种教学方式还有一个优点，那就是他在无形当中激发了百花齐放的课堂文化。他为大家创造了一个良好的学习环境，鼓励大家积极提问，让大家敢于提出不同寻常的想法。他让学生们体验到了探索的自由。

事物之间的联系是探索过程的核心内容。这种学习环境让我们意识到，我们可以直接告诉大家"我的证明过程有误"而不必感到羞愧，也不用担心被别人批评。事实上，出错是一件值得高兴的事，因为我们可以从中看出一些值得回味的细节，然后展开更深层次的分析。

我看到在某些更为传统的课堂上，教授们也在尝试主动学习法，也在试图为学生们营造类似的学习环境。在这样的课堂上，每天都会像苏斯博士的诗歌一样美妙，每次学习都是一种惊喜，每个知识都蕴含着神奇，每个人都会因为奇思妙想而得到他人的赞美与鼓励。

∞

数学中的第四种自由，是想象的自由。如果说探索指的是发掘已知事物，那么想象指的就是构建全新思想（至少对你来说是新的）。任何一个在海滩上堆砌过城堡的孩子都知道，一桶沙子具有无穷的潜力。格奥尔格·康托尔于 19 世纪末为集合论做出了开创性的贡献，首次清晰地为人类描述了"无穷"的本质。这位大师也表达过类似的观点："数学的本质在于它的自由。"[2] 他的意思是，和其他自然学科不同，数学所研究的各种概念与实物之间不一定存在紧密的联系。因此，数学家在做科研时不会像其他领域的科学家一样受到那么多限制。数学探索者可以充分发挥其想象力，在数学领域随心所欲地建造自己想要的城堡。

我在拓扑学课程中学会了如何运用自己的想象力。正如我刚才提到的那样，拓扑学研究的主要是在连续形变的过程中，几何对象那些不随形变而产生变化的属性。如果我没有在物体上增添任何"洞"，也没有减少任何"洞"，那么无论我如何改变该物体的形态，都不会改变它的拓扑结构。所以从拓扑结构的角度来看，足球和篮球是一种东西，因为二者可以通过形变互换身份。不过足球和甜甜圈却是两种东西，因为你无法在不打洞的情况下把足球捏成甜甜圈。

拓扑学是一门相当好玩的学科，因为我们可以把东西剪成两半，把东西粘在一起，用奇怪的方式拉扯，然后创造出任何我们喜欢的形状。我们经常会研究这些形状内部的某些问题，所以这些形状也被称为拓扑空间。各种奇奇怪怪的拓扑空间足以令拓扑爱好者废寝忘食，更不用说那些像"是否存在某些具有特定'病态'的物体?"一样天马行空的问题了。（没错，就像医学一样，数学中也会使用'病态'这个词来形容奇怪或反常的事物。）每次遇到这种问题，拓扑学家们就会开动脑筋，构思出一个符合条件的例子。例如著名的和田湖（Lakes of Wada）：我们可以在同一张纸上画出三个边界完全相同的区域（或者说湖泊）——这意味着任何一个湖泊的边界上的任何一点，都必须同时处于三个湖泊的边界之上。"和田湖"这个名字是为了纪念它的创作者、数学家和田健雄（Takeo Wada）。再例如夏威夷耳环（Hawaiian earring），这是一个由无穷多个越来越小的圆环嵌套而成的华丽结构，所有圆环相交于同一点之上。[3]

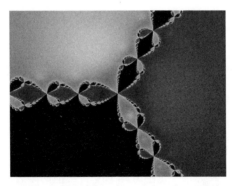

这张分形图包含三个区域，分别为浅色"湖"、中色"湖"和深色"湖"，三个湖共享同一边界。与原版和田湖的不同之处在于，每个湖都包含了多个彼此分离的流域。

对于病态（当然是指数学中的病态）的空间结构，还可以举出另外一个相当著名的例子，那就是亚历山大带角球体（Alexander horned

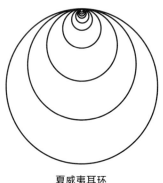

夏威夷耳环

sphere）。这里的球体指的是一个气泡形状的球面。一个完美圆球的球面具有"单连通"的性质。单连通大体上指的是这样一种概念：如果你绕着该球体围了一根绳子，然后把两端系在一起形成一个圆环，那么无论你采用什么样的系法，你都不能让这个圆环卡在球面之上——我们总是可以轻而易举地把这个圆环扯下来，让它和球面分开。（甜甜圈和它形成了鲜明的对比，因为甜甜圈的外表面并不是单连通的：如果将绳子的一头穿过甜甜圈的孔，然后再绕出来把两端系在一起，你就无法将它扯下，让它和甜甜圈分开。）1924 年，詹姆斯·韦德尔·亚历山大（J. W. Alexander）在设想某个带角的球时提出了这个著名的问题，该问题可以这样描述：是否存在某种形变方式，可以在气泡上任意两点都不发生接触的情况下，让气泡变成一个特殊的形状，使得气泡的外表面成为一个非单连通的区域？

起初亚历山大认为，无论怎样形变，气泡的外表面都必然是单连通的。[4] 不过，后来他构造出了一个特殊的气泡，它的外表面并不是单连通区域！他想象的构造方法如下（这并非他构造出的特殊气泡，不过二者在拓扑学上是等价的）：取一个气泡，在它的表面挤出两个"犄角"。然后在每个犄角上各捏出一对小犄角，让两对小犄角保持在马上就要互相锁在一起但实际上还留有缝隙的状态（就像食指和大拇指即将接触在一起时的形状）。随后在这两个缝隙中重复上述动作，捏出四对小小犄角——每两对小小犄角都处于即将互相锁住，但仍留有缝隙的状态。如此反复，你就可以在极限状态下得到一个亚历山大带角球体。

由于我们可以无限制地捏出更多的新犄角，所以一个围绕在初始犄角底部的绳圈无法彻底从这个带角球体上扯下来。不过，如果"捏犄角"这一过程在某个阶段停了下来，没有达到极限状态，那么该绳圈仍旧可以被轻松扯下。想要正确理解这个惊人的构造，我们不仅需要充分调动想象力，还要想办法证明在极限状态下，这个带角球体仍旧算是一个球体。你可以在脑海中不断地把下面这张图放大，思考一下在连续变化的过程中这些犄角的分形特性，然后你就会意识到，无论放大到什么程度，你看到的画面都不会产生什么变化。

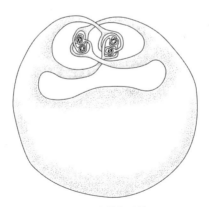

亚历山大带角球体

有了想象的自由，数学就会变得像仙境一样梦幻。只需许个愿，你的梦想就会在一片闪闪的金光中变成现实。

如果在数学的每个阶段我们都能充分发挥自己的想象力，那学习该会变得多么有趣啊！我们甚至不必等到自己学习高等数学的那一天，因为仅凭算术知识我们也可以感受到想象的魅力，比如我们可以尝试构建一些具有奇特性质的数字。你的出生日期包含8个数字，能同时被这8个数字整除的最小数字是多少？你能找出10个连续的自然数，让它们全部是合数吗？此外，在几何学当中，我们可以设计各种自己喜欢的图案，并探索它们的几何性质，比如你可以研究一下这些图案中存在哪些对称性。在统计学当中，我们可以找一个数据集，然后构思一些独特的方式将其可视化，看看哪种方式可以更好地展现出数据集的关键特性。如果你正在学习一本枯燥的数学教材，那么你可以试着更改书里的题目，从而提高自己的想象力。如此一来，我们就可以切身体验到想象的自由。

∞

不幸的是，倘若我们没有获得最后这种自由——被他人接纳的自由，那我们也很难体验到前面提到的四种自由。然而，最后这种自由恰恰是许多数学团体所缺少的东西。

前面我们提到，由于某些历史因素，海滩曾具有一定的排他性，直到今天很多人仍然无法自由地享受海滩风光。我们可以设想一下这种场景：虽然现在海滩上已经没有任何告示可以阻止你进入其中，但你仍然没什么机会去海滩玩，因为你的父母根本没有时间和精力带你过去。虽然没人赶你出去，但是会有很多人对你侧目而视，所有人都在怀疑你是否属于这片海滩。有些人会把你当成海滩浴房的工作人员，跟你说卫生间的纸巾用完了，让你拿点新的过去。还有些人会在你经过时移开自己的视线，然后紧紧抱住自己的孩子。人们会单独为你制定一些看起来相当不讲道理的规则，警告你不可以在野餐时吃这种食物，不可以在海滩上玩那种游戏。你只好走向了沙滩排球区域，看看能不能和陌生人组队打一场球赛，可是没有任何一个人向你发出邀请，因为他们觉得你不可能会打排球，也绝不会愿意花时间学习打球。这片海滩明面上对你保持开放，可实际上没有任何人愿意接纳你。

可悲的是，有很多数学团体跟我描述的一模一样。尽管我们总是把"多样性"这个词挂在嘴边，但实际上暗地里总是会做出各种排他行为。我们可以设想一下下面这些例子：

你的名字叫作亚历珊德拉（女性的名字），你很早就发现，从小学开始，只要数学教材上出现示例，就一定会采用白人男性的名字。在中学阶段，尽管你在解题时经常能想到一些新颖的方法，但你的老师从未对此产生过任何兴趣，因为她只关心自己已经掌握的那些解题方法。虽然你还有一位男性数学教师，可他从不和女生有任何目光上的接触。

后来你上了大学，选修了一门高等数学课程。虽然你只是遇到了一些小挫折，可教授还是建议你放弃这门课，去选一些低阶的课程。再后来你成了学校运动队的一员，每天下午都必须参加严格的训练，可是你的教授只会在下午待客。很多教授会在证明过程中使用"显而易见""此处略过"之类的词，可这些词常常会让你怀疑自己是不是有点笨，因为对你来说那些结论完全称不上"显而易见"，省略过程之后更是让你一头雾水。更让人痛苦的是，教授还会用"像你这样的学生，在数学上的表现通常来说都不太好"这样的话来评价你。又过了一段时间，你得知学校即将举办一场数学竞赛，举办方邀请所有数学系的学生去参加赛前集训，只有你没有收到通知。在你的文化当中，所有人都很注重集体意识，擅长讲故事的人往往能够得到他人的尊重。可是，那些数学教授每次留作业的时候都要求大家必须独自完成，讲课时也从来不会提到任何文化知识和历史背景，搞得数学好像完全独立于人类文明而存在似的。

之后你进入了研究生院，继续攻读数学，可是你发现身旁几乎没有别的女性，也没有和你一样的拉丁裔学生，教职人员里面当然也见不到拉丁女性的身影。没人知道你的名字该怎么念，于是大家在没有征得你同意的情况下，就把你的名字简化成了"亚历克斯"（男性的名字）。数学系的学生休息室里面没有任何艺术作品，也没有任何植物，甚至连颜色都没几种。整个环境让人感到枯燥呆板，你根本不想多待一秒。同学们的竞争意识都很强，只要别人出错，他们马上就会以不太友善的方式指出来。你的辅导员只关心和工作相关的内容，哪怕你正在向他诉苦，跟他说一边照顾孩子一边上学实在是太难了，他也不怎么上心。没错，你已经决定好在研究生阶段组建一个家庭，可是学校政务处在处理这种事情时总是缺乏灵活性。

最终你成为一名数学家，在得知自己成功被一所重视教学的大学聘用的那一刻感到欣喜若狂。可是你那些在研究型大学工作的朋友总会面带遗憾地问你："你在那里真的开心吗?"参加会议时，由于身材娇小，皮肤偏黑，大家常常会把你当成酒店为会议安排的服务员。当你和他人合作发表论文时，大家总是认为另一个作者做出了更多的贡献，导致你在独自发表论文时老是感觉有莫大的压力。尽管你深爱着数学给你带来的一切，可有的时候你也会觉得自己的付出好像不太值得。

综上可见，亚历珊德拉的生活让人感到了无生趣，她的遭遇让人感到残酷压抑，尽管给她带来这些遭遇的人可能原本抱有极大的善意，根本不知道自己的所作所为会让亚历珊德拉遭受痛苦。总的来说，他们没有正确使用自己手中的力量，而是把它变成了一种强制力。

亚历珊德拉没能体会到被他人接纳的自由。你完全想不通她到底是如何坚持到现在的。

事实上，接纳他人不仅意味着你要允许别人和你共处，还意味着你要主动欢迎别人走进你的领域——告诉别人"你是我们的一分子"，然后用实际行动遵守自己的诺言；意味着你要对他人保持较高的期望，尽己所能地帮助他人。

你对学生的期望会影响他们在课堂上的表现。大量研究表明，"期望效应"真实存在，教师对学生的期望可以影响学生的成绩。最著名的例子就是1966年的"罗森塔尔-雅各布森"实验。在这项实验中，学生们接受了一次虚假的能力测试，教师们会随机挑选一些学生作为"好苗子"，然后跟他们说，所有老师都对他们抱有极高的期望，觉得他们将来"必能有所作为"。事实证明，在接下来的一个学期，这些学生的表现真的比其他同学更好。[5]

这种期望实际上是一种无形的绑架，学生和教师全部成了俘虏。教师们思维受限，因为他们想象不到学生到底有怎样的潜力；学生们发展受限，因为他们总是被他人灌输思想，被他人安排命运。这些学生根本没有"得到自由"的自由。想要让学生感受到被他人接纳的自由，我们需要这样告诉他们："我相信你会成功的，我会帮助你达成梦想。"

在《打破教学边界》（*Teaching to Transgress*）一书中，贝尔·胡克斯（bell hooks）[①] 讲述了美国种族隔离时代，她在某所全黑人高中

[①] 贝尔·胡克斯（1952—2021），本名格洛丽亚·简·沃特金斯（Gloria Jean Watkins），美国作家，女权主义者，社会活动家。她以她的曾祖母的名字贝尔·胡克斯（Bell Blair Hooks）为笔名，并且写名字时不按通常的规则大写第一个字母，目的之一是表明她与先辈女性的本质联系，目的之二是想把注意力集中在她的作品上，而不是她自己身上。——编者注

读书时的所见所闻，并赞扬了那些把"充分挖掘学生潜能"当作自身使命的教师：

> 为了完成这一使命，我的老师们会确保他们"掌握"了我们的情况。他们知道我们的家长是谁，知道我们的经济状况，知道我们在哪里做礼拜，知道我们的家庭环境，还知道父母在家里是怎样对待我们的……
>
> 那时，上学是一种纯粹的快乐。作为一名学生我感到很开心，我热爱学习……在各种思想的哺育下蜕变成长，是一种极致的享受……我可以……学习各种思想，重新塑造自我。[6]

从这些文字中你可以看出，那些教师是如何让学生感受到"被他人接纳的自由"的。他们会关心所有和学生相关的东西，而不是只关心学生的学习成绩。学生们的教育和他们所处的环境密切相关。在感受到被他人接纳的自由之后，贝尔·胡克斯自然而然地体验到了更多的自由：探索思想的自由，以及塑造一个全新自我的自由。

后来学校被合并了，她不得不换了一所学校就读，从此以后她的生活发生了明显的变化：

> 突然之间，好像只有信息才算是知识，一个人的生活经历、言谈举止和知识再也没有半点关系……我们很快就意识到，学校只希望我们能够服从命令，他们根本不关心我们是否有一颗热爱学习的心。……
>
> 对黑人孩子来说，教育和自由完全处于一种脱钩的状态。看清这一点之后，我对校园生活的那份热爱彻底熄灭了。[7]

虽然海滩现在对她敞开了大门，可是那里的人既不欢迎她，也不接纳她，她既没有找到归属感，也没有感受到他人的热情。贝尔·胡克斯逐渐被各种期望所奴役，总是感觉必须要想方设法证明自己。可是她不敢和旁人诉说，因为她怕说出去以后别人会觉得她简直是不自量力。教育突然之间和统治变成了同义词。没有被他人接纳的自由，她就丧失了其他所有自由。

这里我要强调一下，我绝不是在提倡种族隔离。我的意思是，真正的接纳必然会涉及真正的自由，尤其是在这种自由曾被人无情剥夺过的情况下。

$$\infty$$

数学中的这些自由可以帮助我们养成很多优秀品格。具体来说，知识的自由使我们变得足智多谋，让我们可以根据问题的具体情况选择恰当的工具和方法。探索的自由使我们在集体讨论时敢于大声发言，积极提问，让我们在为探索发现而欢呼雀跃时可以保持独立思考，让我们能够正确对待自己的错误或失误，善于从失败之中挖掘线索，看到全新的调查方向，找到恰当的解题思路，从而把各种阻碍和挫折转变为成功之路上的垫脚石。理解的自由可以帮助我们正确掌握各种概念的含义，搭建起可以互相印证的知识体系，深刻认识到知识的价值，让自己在任何情况下都可以把知识当作信仰。最后，想象的自由可以为我们插上翅膀，让我们在思维的天空中任意翱翔，充分感受创造力的美好，从各种奇思妙想当中获取无穷的快乐。

在研究生阶段，每当我遇到困难，每当我因与他人的差距而感到气馁、因教授对我能力的质疑而感到难过时，都是这些优秀品格在支撑着我，帮助我渡过难关。独立思考一番之后，我认为眼前这些困难对一个新手来说是完全正常的。遇到不懂的问题时，心中的那份勇气令我敢于主动提问。我能体验到数学中各种创造性思维带给人的乐趣。此外，我一直都对知识抱有坚定的信念，这种信念给了我强大的信心，让我相信只要认真学习，不懈努力，我一定能追上他人的步伐。用海伦·凯勒的话来说就是，数学中的各种自由令我下定决心，日复一日地埋头苦读，为蜕茧成蝶的那一瞬间不懈努力。

对数学来说，自由是学习、研究过程中必不可少的一部分，所以我们应当好好想一想，自由到底意味着什么。我知道，有些人觉得自由就是"不受约束"，好像有了自由就可以"为所欲为"。可我坚信，真正的自由绝非如此。

只有付出了汗水，承担了责任，赢得了他人的支持，你才能得到自由。想想你的老师吧，是他们为你付出了大量的时间和精力，令你有了自由提问的机会，向你展现了探索海滩的方式，让你可以亲手建造自己幻想中的城堡。想想你的父母吧，是他们不遗余力地为你创造了必要的学习环境，让你有机会一睹海滩的真容，帮你树立起了不畏艰险勇往直前的决心。想想你的朋友吧，是他们敞开胸怀接纳了你，尽己所能地为你提供支持与关怀，帮助你成为大家庭的一分子。最后，请你想一想自己付出的那些努力吧，正是因为你告诫自己一定要在这片广袤无垠、波澜壮阔的领域中闯出一番事业，并以心血和汗水践行了自己的诺言，你才得以体验到成功的自由。若非如此，你永远也不会知道那片海滩上到底藏着怎样迷人的风景。

像我们这些已经体验过数学当中各种自由的人，决不能独自享受。我们要承担起相应的责任，主动接纳他人，让他们也能体验到这些自由带来的快乐。

------ 多项式的次数 ------

　　和本书中的其他谜题相比，这次的谜题似乎需要更多的背景知识。不过我相信，只要你能坚持下去找到答案，就一定可以体验到那种恍然大悟的快感。

　　言归正传，多项式是一种代数表达式，例如 $x^3 + 2x + 7$。将具体数值代入 x 以后，你可以算出它的结果。比如说令 $x = -1$，那么多项式就变成了 $(-1)^3 + 2 \times (-1) + 7$，其结果等于 4。另外我们还要说一下，次数指的是多项式中最大的指数。对该多项式来说，它的次数为 3。此外，系数指的是多项式中每一个单项式中的数字因数，对该多项式来说，x^3 的系数为 1，x 的系数为 2，数字 7 被称为常数项。

　　我们的问题是这样的：

　　假设现在有一个多项式，已知它的系数全部为自然数，但是不清楚它的次数，你的任务是找出这个多项式的本来面貌。为此，你可以向我问一些问题，但问题仅限于下面这种形式（下文中的 k 指的是某个具体数字）：

　　"当 $x=k$ 时，多项式的结果等于多少？"

　　为了确定这个多项式，你最少需要问几次问题？

$$\infty$$

　　我非常喜欢这个问题，因为乍一看它好像少给了很多必要的条件。不过这样一来你也拥有了更多的自由，可以随便问我任何问题，只要符合规定就行。从山姆·范德维尔德（Sam Vandervelde）的口中，我第一次听说了这个有趣的问题，对此我表示十分感谢。

弗朗西斯先生，您好：

在监狱下调了我的威胁等级之后，我被转移了两次地方。在上一所中转机构中，我遇到了一些志同道合的人，大家相处得非常愉快，我从他们身上学到了很多东西。虽然我从 19 岁开始就过上了牢狱生活，如今 31 岁了，可事实上我仍然算是个年轻人，世界上还有很多东西等着我去学。一方面，地球人口足足有 71 亿，这些人当中必然存在很多共性；可另一方面，从细节上来看，这些共性当中也存在着无数的差异，因为每个人都有自己的独到之处。以我自己为例，迄今为止我还没有找到任何一个"完全和我在同一个频道上"的人。不过我已经意识到，就算大家无法完全调到同一频道，我们还是要对其他人保持开放态度，为他人播种，被他人灌溉，因为每个人身上都有一些值得我们学习的地方。不过我的情况特殊，大多数时间遇不到几个可以说话的人。之前在肯塔基州的时候我交了两个朋友，在刚刚离开的那个机构也遇到了三位相谈甚欢的人，可惜每次相处的时光都不长，总是意犹未尽就被迫分开。

克里斯

2018 年 1 月 28 日

11 12 13

集体

数学中真正能给人带来满足感的只有两件事，一是向他人学习，二是与他人分享。每个人能够完全理解的东西其实极其有限，大多数事物我们只是知其皮毛，未曾深究。

——威廉·瑟斯顿
（William Thurston）

什么是归属感？所谓归属感，指的就是一个人被集体接纳、被团队重视、被身边之人公平对待的程度。程度越高，我们就越有归属感。

——迪安娜·汉斯佩格
（Deanna Haunsperger）

里卡多·古铁雷斯（Ricardo Gutierrez）是一位出生于工人阶级社区的纽约人，父母都是移民。他的父亲没能读完高中，母亲也在八年级的时候辍学了。2017年，他在某篇报道中读到了我那场以"如何在数学之路上蓬勃发展"为主题的演讲的文字记录，随后给我写了一封信。信中提到，他在很小的时候就表现出了数学方面的天赋，可是一直没有人能给予他正确的指引。于是他在大学期间转变了兴趣，并在过去的19年当中把时间和精力全部奉献在了音频工程上，成了一位相当成功的音频工程师——虽然算不上一份真正的技术性工作，不

过正如他所说的那样："音乐就是我工作中的一切，我会想方设法让它们变得更加动听，更加悦耳。"他深爱自己的事业——事实上，他参与的某个项目曾经获得过格莱美奖的提名——可他还是觉得生活中少了点什么。

> 我就是感觉自己还渴望着某些别的东西，没有这些东西，我的人生就算不上圆满。我想要学习更多知识，想要体验一下数学、计算机这类学科的思维逻辑。或许是因为逻辑思考那种层层深入的感觉在吸引着我，让我感受到了思考的乐趣；或许是因为我的本职工作再也无法满足我的求知欲，而数学和编程刚好可以填补我的胃口……或许，更准确地说，我对目前的工作已经过于熟练，熟练到我感觉每天都像是在"日常打卡"，毫无新意。

之后他迈出了勇敢的一步，以40岁的年龄重返校园，参加了一项针对"非传统学生"开设的教学项目。他说：

> 这种严苛的学术环境给我带来了难以想象的压力和艰辛，甚至让我觉得有些难以接受——尤其是对一个已经很久没有接触过高强度学习生活的人来说——可有时候，我觉得让我悲痛欲绝的并不是这些压力，而是在数学课与计算机课上，我从小就有的那种"我根本不属于这里"的感觉。我之所以会有这种感觉，可能和我童年时期的糟糕经历有很大的关系。当时的邻里环境和生活条件是如此严酷，以至我每冒出一个梦想，都会立刻被无情的现实碾碎。没有任何一个人站出来指引我，帮我纠正那些已经根

深蒂固的错误观念。"我根本不属于这里"这句话在我脑海中不断地回响，逐渐扭曲了我的人生方向，成为我生命中挥之不去的阴影。

"我不属于这里"这种感觉可能会给人们带来极大的伤害，所以集体对个人来说相当重要，因为它能让我们产生归属感。帕克·帕尔默说过："所谓教学，指的就是为大家创造一个集体学习的环境，让大家在实践中感受集体的力量。"果真如此的话，当别人因自身所限而无法看清真相时，我们就有义务主动站出来为他们戳破谎言。[1] 我们可以帮助他们找回归属感。

任何一个人都不可能在脱离集体的情况下健康发展（集体指的就是那些可以体会到我们的痛苦、感受到我们的喜悦、看到我们心中的希望、理解我们内心恐惧的人）。集体可以让我们明白，奋斗是一种正常现象，并意识到"我不是一个人在奋斗"。

集体是每个人内心深处都存在的一种渴求。无论是在休闲娱乐、教育学习方面，还是在职业生涯、家庭生活当中，集体都扮演着"引路人"的角色，可以帮助我们迈入数学的大门，引导我们在数学之路上不断前进。本书中曾多次提到"数学团体"这一概念，现在大家应该明白，只要是因共同的数学经历、数学知识而聚集起来的一群人，都可以算作数学团体。当你和家人分享数学段子、向家人展现自己对数学的热爱、陪家人制作一些几何小物件、与家人一起阅读和数学相关的文章，甚至是同家人一起下厨做饭（依照食谱上给出的说明添加食材，和家人探讨调料的用量）时，你实际上就已经在家里建立起了一个数学团体。当你走进数学教室，或是参加一场策略博弈游戏时，你实际上就已经进入了一个数学团体。

对大多数人来说，"集体"这个词和数学没什么关联。恰恰相反，大家都觉得数学家的典型形象，就应该是"一个人为了某个问题独自潜心研究几十年"。没错，近些年有几个相当著名的数学难题得到了解决，这些事例的确符合大家的这种观念。例如 1993 年，安德鲁·怀尔斯（Andrew Wiles）给出了费马大定理的相关证明（当时的证明存有一些缺陷），终结了这个 350 多年里一直悬而未决的难题。其实该定理描述起来非常简单：$n > 2$ 时，方程 $x^n + y^n = z^n$ 不存在整数解。可就是这么简单的一句话，安德鲁·怀尔斯独自一人花了 7 年的时间，费了好大一番心血才找到证明方法。[2] 又例如 2003 年，格里戈里·佩雷尔曼（Grigori Perelman）给出了庞加莱猜想的证明，为拓扑学领域这个百年难题画上了圆满的句号。大体上我们可以这样理解庞加莱猜想：每一个没有洞的封闭三维物体，在拓扑学上都等价于一个三维球面。在给出证明之前，没有人知道佩雷尔曼正在研究著名的庞加莱猜想。[3] 再例如 2013 年，当张益唐成功证明了素数间的有界间隔（对孪生素数猜想来说这是一项重大突破）时，该领域没有任何一个人听说过张益唐这个名字。[4] 以上这些例子给大家造成了一种迷信，认为数学家就应该独自一人默默奋斗。可这些例子恰恰是因为其独特性才成为新闻，它们实际上并不具有代表性。

其实数学当中充满了合作，人们会自发地因各种数学项目而走到一起——一起学习、一起阅读、一起游戏、一起研究。正如威廉·瑟斯顿所言，一边学习一边分享才是数学的真谛（这句话是为了回应那些经常担心自己难以做出任何原创性工作的人）。正因如此，我们才会花时间和他人一起享受数学的乐趣。

从专业的角度来看，同过去相比，数学的协作性正在逐渐提升。2002 年的一项研究表明，参与合作性研究项目的数学家的比例在 20 世纪 40 年代为 28%，到了 90 年代，这一比例提升到了 81%。[5] 2009 年，数学家蒂莫西-高尔斯甚至在互联网上呼吁大家共同协作，一起找出黑尔斯-朱厄特定理（Hales-Jewett theorem）的证明方法，并因此而闻名世界。（大体上来说，我们可以这样理解该定理：对更高维度的井字棋游戏而言，无论参与游戏的玩家有多少，最终总会出现一个赢家。）此外，越来越多的数学教师开始鼓励学生采用主动式学习方法，利用课堂时间让学生们参与互动，共同协作。随着社交媒体的兴起，数学教师们也在尝试更多新的教育方式，设立更多兴趣小组，以便更好地传播思想，分享观点。团队协作是当今数学探索者们彼此互动的核心方式，也是商业、工业、政府等领域的人才必备的技能。

集体的重要性不言而喻，它可以把更多的人聚到一起，让大家共同探索数学，在互助的环境中培养各种优秀品质。一个成功的数学项目，总是会把重点放在团队之上，帮助参与者聚在一起，让每一个人，无论是孩童还是教师，抑或是研究学者，都能从团队中受益。[6]

然而，有些学习障碍会在集体环境中被进一步放大，所以建立数学团队不仅仅意味着要把数学爱好者聚在一起，还必须能够做到及时发现问题，为大家扫清障碍。

∞

数学团体常常会过于关注某个人所取得的成就——通常是一种狭义的成就。在心里评估哪个人"更擅长数学"时，我们经常会根据某项单一"能力"来排名，可是这样只会让阶层的划分更为严重。我们常常会向他人传递这样一种思想：要想在数学领域取得成功，只有一种方式，比如强迫孩子们快速解题，或者在高中时就让孩子提前学习微积分知识，或者告诫数学工作者如果不搞科研他就算不上是一个"真正的数学家"。其实成功的方式多种多样，数学成就并不是一维的，我们必须改正自己的错误观念。我们总是把数学看作插在地上的一根杆子，认为葡萄藤只有一个生长方向，只能不断沿着杆子向上爬。可实际上数学更像是一个藤架：作为葡萄藤，你可以在藤架和地面相连的地方随意找一处作为起点，然后同时朝着多个方向攀爬。

因此，那些希望参与到数学团体中的人，必须想办法改变自己的一维视角。无论是在家里还是在课堂上，我们都应当对他人在数学学习过程中培养起来的优秀品质表示赞赏，提醒大家这些品质也是数学不可分割的一部分。持之以恒、保持好奇心、善于总结归纳、倾向于美的事物、对深入探究的渴求，以及我在各个章节中所提到过的那些品格，都是你在数学当中有所成长、有所收获的体现。在高中和大学，我们应当提供更多引导手段，帮助学生迈进数学的大门，而不是强迫所有人都去学习微积分。我们应当把数学俱乐部变成一个以快乐为本的地方，而不是让它成为精英们展现自我的场所。在专业层面，为了提高大家对数学的理解，数学教师和科研人员想出了各种各样的办法，我们应当对这种多样性予以重视。此外，我们应当树立起多种多样的数学榜样，让大家明白数学也可以是一项好玩有趣的事业，而非只能独自一人埋头苦干。[7]

∞

数学团体内部的等级有时候会相当森严，尽管这些人可能原本并不希望变成这个样子。在我参加的那个远足俱乐部里，大家都是因为对远足的热爱才聚到一起。每次出发前，我们都会根据个人能力分成不同小组，每个小组的行进速度有快有慢，各不相同。我大大方方地告诉大家，我的速度很慢，然后就被分进了新手组，可我并不因此而感到羞愧。因为我知道，远足的乐趣——沿途的风景、建立的友谊、沉静的思考空间——其实跟远足能力没什么关系。钢琴音乐会和篮球比赛等活动也是如此，观看也会带来乐趣，这种乐趣并不会受到你在这项活动上的个人能力的影响。

数学有些不太一样，数学的快乐往往需要具备一定的能力。比如我去上数学课，除非我能听懂老师在讲什么，否则我绝对体会不到数学的乐趣。另外，向别人讲述数学知识的乐趣，也不仅仅在于你对相关定理的知晓，还在于你能够给出条理清晰的证明。很可惜的是，证明过程在短时间内很难被听众消化、吸收，而且通常情况下也没几个人会主动提出要求，让讲述者想办法调整一下讲述方式，好让大家都能听懂。虽然我现在对于某些话题也是毫无概念，完全听不懂别人在讲什么，可是我早就习惯了这种挫败感，并且我也很清楚这是一种正常现象，可是对初学者来说，这种挫败感还是很容易让人对数学望而却步。同样，在课堂上，在这种集体学习的环境中，传授数学技巧本来就是教学的核心内容，所以很多人会在学习的时候面临很多挑战。倘若小组合作安排得不合理，那么在面对思维敏捷的学生时，那些思考时间较长的学生就会产生一种挫败感。虽然有时候我们必须重视个人能力，可是如果大家只关注个人能力，就会导致人们盲目地崇拜那些因个人能力突出而广受赞誉的人，从而在数学团体内部造成一种不必要的阶层划分。西蒙娜·韦伊曾经绝望地表示："我将因此被彻底排斥在那个卓越超然的王国之外，那里只有真正的伟人才能进入。这种想法令人痛苦不堪。"[8] 很多人正遭受着和她类似的痛苦，仅我遇到的就有不少。

因此，那些对数学团体抱有期待的人，必须养成热情好客的习惯，为初来乍到的朋友提供良好的教学和引导，时不时地给予他们一些鼓励和支持。作为一名热情好客的数学探索者，我们还要放下架子，平易近人，让新人相信无论自己之前的水平是高是低，这里都会为他们敞开大门。我们还必须主动向新人展现数学中的"秘密菜单"，让他们看到那些较为冷门的内容——当然包括那些即便是经验丰富的老手也难以在短时间之内弄明白的知识——耐心地引导他们掌握各种数学技能，比如"如何才能把课本上的内容放到自己的知识框架当中"。此外，我们还要学会承认他们的优异表现，告诉大家他们完全有能力学好数学。数学团体中那些德高望重的人也要记住，在如何规范迎新制度这一问题上，他们有着不可推卸的责任。另一方面，要想成为一名热情好客的数学探索者，我们还要努力让自己化身为一名优秀的数学教师，让初学者也能体会到数学的妙趣所在。至于如何才能提供良好的教育，这方面的案例实在是太多了，我们应当把它们好好利用起来，在愉快的交流和沟通中引领大家进入这个卓然超群的王国。[9]

数学团体中的那些领军人物必须发挥自己的作用，根据学生的具体表现、性格差异、能力高低，随时调整团体的管理策略。经验丰富的教师十分清楚这一点，他们知道为了让彼此的相处方式更加规范，有必要建立起相应准则；也知道如果集体当中的某个人独断专行，就会让团队变得效率低下，如果不能让集体当中的每一个人都能够在团队工作中找到自己的意义，就会给大家带来严重的负面情绪。因此，为了让参与者有所收获，数学教育工作者非常重视团队工作的设计与安排，他们会为团队工作设立多个重要角色，为每位成员布置一些量身定制的任务，确保大家只有在通力合作的情况下才能成功完成工作。[10] 一位尽职尽责的教师，必然知道如何才能鼓励学生积极交流，分享想法，如何才能以恰当的方式降低团队活动给参与者带来社交风险的概率。[11]

要想建立起一个数学团体，就得想办法提高大家的协作能力，尽量消除其中的阶层划分。只有让成员彼此包容，让每个人都能从"百家争鸣"的环境中受益，才能算是一次成功的合作。我们要记住，合作不仅仅意味着简单的分工。真正的数学合作具有高度的协作性，通过大量的筹备工作，确保每一个参与者都能够在相互促进的环境中有所成长，能够在良性的竞争氛围中对知识产生更加深刻的理解。

∞

和其他群体一样，数学团体中也容易出现各种隐性歧视：我们每个人都或多或少地存在一些无意识的刻板印象。我们会先入为主地对他人做出错误的假设，从而影响他人表现自我的机会，让别人难以听到他们的声音。在校园中，我们必须时刻提醒自己：哪些人还没有发过言？哪些人的努力和付出经常被人忽视？在专业领域中，我们也必须清楚，偏见有时会导致我们做出一些对集体不利的决策和行为。例如，当女性和男性共同发表论文时，很少有人能够认可女性在其中的贡献——大家会觉得这些工作都是男性完成的。2016 年有人在一个和经济学类似的研究领域中做了一次统计，结果表明，虽然女性发表的论文和男性一样多，但是在评选终身教职的时候，女性被拒绝的概率却高达男性的两倍，除非她们一直都是单独发表论文（在这种情况下，被拒绝的概率在男女之间的确没什么区别）。[12]

因此，那些想要建立起一个数学团体的人必须经常自我反省，看看自己是不是在无意中表现出了某种偏见。此外，我们还必须在团体中设立恰当的规章制度，并做到身体力行。只有这样，我们才能尽量减少偏见现象的发生。[13]

∞

有很多数学团体因缺乏必要的归属感而让各位成员饱受困扰。具体的表现形式多种多样，例如：我不想让别人发现我知识水平有限（潜在的意思是：我感觉我不配和大家一起待在这里）；其他人跟我都不一样（潜在的意思是：没人能够真正理解我的处境）；我永远都没办法让自己变得足够优秀（潜在的意思是：我的成就永远也无法媲美我所崇拜的那些人）。由于很多团体内部的等级相当森严，这种感觉可能会变得越来越强烈。作为一名已经年过 40 岁的大学生，里卡多很难避开类似的经历，上面这些遭遇他或多或少都遇到过。无论从种族的角度来看，还是从社会阶层的角度来看，里卡多都处于一个比较弱势的地位。况且他已经很久没有接触过校园生活，很难重新适应这种高强度的学习环境，过去发生的种种也在不断蚕食着他的毅力与决心，所以他总是觉得"我当初就不该重返校园"。其实我们有很多人都会因为这样那样的原因而产生类似的感觉，比如我自己就常常在数学团体中感到孤单，哪怕我如今已经在数学领域站稳了脚跟，这种感觉仍然没有消失。在职业生涯中期，我更换了自己的研究领域，来到了一个全新的科研机构，并花了一个学期的时间跟大家搞好关系，试图融入这个群体，可惜最后收效甚微，我还是经常感觉自己游离在集体之外。因为我对这个新领域知之甚少，而且我之前那家研究所也有些与众不同——其他研究所都是以科研学术为重，好像只有我们以教书育人为重。大家对我都不太了解，也不怎么邀请我参加集体活动，他们更喜欢和自己熟悉的人聚在一起。不过说实在的，如果他们当时能够明白我的感受，我相信他们肯定也愿意对我伸出援手，帮我走出困境。所以我之前才会说，只有时常关心他人，才能真正地接纳他人。

由此可见，对那些珍视数学团体的人来说，除了保持热情好客的心态，还必须多多关心他人。这意味着我们要正确看待他人，尤其是那些年轻人、那些初学者、那些被忽视的人，意味着我们必须放下他人的身份与背景，只从最纯粹的数学的角度来认知他人。哪怕你只是个初来乍到的新人，你也必须做到这一点。之前被人忽视的时候我认真思考了一下，然后我突然意识到，或许还有很多人正在经受着和我类似的遭遇，因为这个科研机构一般只提供短期交流项目，可以说我们每个人都是新人。不过话说回来，即便你是新人，你也可以主动关心一下身边那些同你一样感到人地两生的朋友，对他们表示欢迎。

无论你来自哪个数学团体，只要你处于领导地位，你就应该积极地培养自己的同理心，善于发现他人的困难，理解他人的处境。作为领导者，只有以身作则，主动分享自己过往的经历以及在学术道路上遇到的困难，才能起到上行下效的效果。作为教师，只有身先士卒，主动分享自己的"数学简历"——数学学习过程中的所见所闻所感，才能让学生们乐于模仿。一个拥有同理心的领导者能够让他人得到慰藉，帮助他人克服心中的挫败感。作为阿贝尔奖（被誉为数学界的诺贝尔奖）得主，卡伦·于伦贝克（Karen Uhlenbeck）说过："为他人树立榜样可不是一件容易的事……你要明白，你最重要的任务是让学生们意识到，成功的人不等于完美的人，他们也有很多缺陷和弱点。"[14]

$$\infty$$

在同他人讨论如何才能在数学领域蓬勃发展时，我总是能够收获很多乐趣，比如大家经常会与我分享他们亲身经历过的各种深刻体验。说到这里我就想起了数学家埃琳·麦克尼古拉斯（Erin McNicholas）教授跟我分享的一件趣事，当时她正因为一件和学术无关的事情感到痛苦万分，然后在机缘巧合之下，她与几名学生和另一位教授一起经历了一段忘我的快乐时光：

> 你们很难想象那时候我正遭受着怎样的痛苦。焦虑、担忧、恐惧、愤怒等各种负面情绪交织在一起，如潮水般席卷了我的整个大脑，我感觉自己马上就要崩溃了。……然而，一位偶然碰到的男生给我带来了转机，当时他正在另一位教授的课堂上学习实变函数。我当时正在和我的一个女学生探讨本周的实变函数作业，这位学生跟我说她在解题过程中发现了一个纰漏，可是我们俩分析了半天，也没想通该如何化解。于是我就问那个男生，他有没有解出这道题。虽然他说他算出了答案，可我们仔细一看却发现，他的解题步骤和我的这位女学生一样，只是他没有留意到那个纰漏，我只好向他指出了问题所在。就这样，短短20分钟之内，教室里一共聚齐了7个人，其中包括5名实变函数论的学生、另一位教授和我。大家各抒己见，共同探讨问题的解决方案。可是，就在问题即将得以解决的时候，我们又遇到了另一个全新的难题。不过在通力合作之下，我

们最终把这个难题攻克了。那一瞬间，所有人的脸上都绽放出了胜利的喜悦，那位负责在黑板上记录讨论过程的学生在飞速写完最后一笔之后，甚至跳了一小段舞以示庆祝。在他的感染下我们都笑了起来，整个教室到处都是大获全胜之后那种轻松欢快的气氛。

她还说，正是在那一同欢笑的瞬间她才意识到，在和大家共同解题的这 30 分钟里，她彻底忘却了自己的烦恼和忧愁。在这个自发形成的数学团体中，数学成了一个心灵的港湾，在这个港湾之中她可以尽情欢笑、尽情舞蹈，再也不用担心外面那些大风大浪，那些烦心的琐事。从她的故事中我们可以看出，一个健康的数学团体能够给人带来多大的好处。那里没有任何阶层划分，每个人都思考着同一个问题，教授们也可以用实际行动告诉大家他们也有很多不懂的东西，他们也有很多想要努力解决的难题，挫折是一种很正常的现象，某种程度上甚至还会让人有点兴奋和激动。所有人都是因为共同的兴趣才聚到了一起：即便学生们知道，这个问题对教授来说也不能轻易解决，自己做不出来也不会被扣分，可他们还是和教授们一样，想要尽己所能去探寻真相并找出答案。在群策群力的过程中，他们看到了同一缕希望的曙光；在大功告成的那一刻，他们品尝到了同一种胜利的滋味。在回顾这段经历时，埃琳发出了如下感慨：

虽说为了找出答案，我们每个人都奉献出了自己的汗水，可我还是忍不住想要夸赞一下我的那位学生，正是因为她最初发现了解题过程中的纰漏，才让我们有了现在的收获。另一方面，尽管我发现了她这种严谨审慎的美好品格，可对大部分专业人士而言，这种品格很容易被低估或忽视，因为他们往往更看重创造力和数学直觉。虽然她也拥有这些优点，但由于她为人谦虚，懂得人外有人、天外有天的道理，这些优点在集体环境中就不容易被人察觉。

如果把数学中的挑战比作一条必须穿过的河流，那么有些数学家会选择立即从岸边出发，在河流中的石块上跳来跳去，心中只想着下一步该怎么走；而另一些数学家则会选择在岸边观望，然后寻找穿越河流的办法，计算水流的速度和摔倒的概率，利用谷歌地图在上下游两侧查找，看看是不是可以从桥上绕过去。看着那些勇往直前、在石块上跳来跳去的勇士，人们很容易被他们的勇气所折服。可事实上，当这些人被困在河流中间进退两难之时，前来施救的往往是岸边那些勤勉严谨、运筹帷幄的人。

我认为无论是教授还是学生，都忽视了集体工作中那些仔细审慎、有条不紊的部分，然而正是这部分工作让我们取得了最终的胜利。面对这一事实，我不禁感慨万分：两位拥有博士文凭的大学教授，再加上几位专业能力突出的高年级学生，居然都没看见解题过程中的那一点瑕疵，反而让一个默默无闻、自身能力经常得不到他人认可的学生发现了问题。

这就是一个真正欣欣向荣、蓬勃发展的数学团体：各位成员因共同的探索方向和兴趣爱好聚到了一起，大家积极交流，取长补短，互相尊重彼此的劳动成果。在这个团结协作的过程中，每个人都会为团队取得的突破而欢呼雀跃，每一种优秀品格都得到了最完美的诠释。

------ 球面上的 5 个点 ------

　　球面上存在任意位置的 5 个点，请你证明，这 5 个点中的任意 4 个都共存于某个半球（包括边界）。

　　这个问题相当漂亮，答案也异常优雅。* 作为本书最后一个谜题，它成功延续了之前的风格，把一个"好问题"的特点发挥得淋漓尽致：描述起来十分简洁，最终结论出人意料，证明方法多种多样，可以让你把闲暇时光充分地利用起来。请记住，作为数学探索者，要习惯于努力和奋斗，大脑卡壳的事情时有发生，不必太过介怀。历经挫折、终有所获的那一刻，你会觉得一切都是值得的。

---

*　该题目来自 2002 年的普特南数学竞赛。

弗朗西斯先生，您好：

虽然《上帝创造整数》这本书我还没有读完，不过大部分章节我已经仔仔细细地学过一遍了，其中包括：欧几里得的"几何原本"的全部章节；阿基米德的"解题方法""沙粒的计算""圆的度量""球和圆柱的相关问题"、勒内·笛卡儿的"几何学"的全部内容。之后，我又通读了尼古拉·罗巴切夫斯基的"平行理论"，现在我正在快速浏览鲍耶·亚诺什的"和绝对空间相关的科学理论"，而且马上就要读完第一遍了。说实在的，我根本没想到几何学居然如此博大精深。虽然我完全读懂了欧几里得和阿基米德想要表达的意思，但勒内·笛卡儿与尼古拉·罗巴切夫斯基这两部分内容我只读懂了 90%，鲍耶·亚诺什那部分就更难了（不过研究的内容也更细致），他笔下的符号和概念总是让人感觉有些特立独行，晦涩难懂。不过我可以保证，到目前为止，那些读过的内容我大部分都弄懂了，而且我打算把之前存在疑问的章节再细致地复习一遍。总的来说，《上帝创造整数》这本书相当不错，您还有类似的书（就是按照历史顺序介绍数学的发展过程的那种书）可以推荐给我吗？如果有的话那真是太感谢了，因为这类书对我来说非常有用。在过去的四个月中，仅仅这一本书就大大提高了我的数学素养，帮助我纠正了很多观点……

您之前提到过一个概念，即"数学中的人文情怀"，对此我思考良多。在对数学产生浓厚兴趣之前，我曾沉迷于国际象棋，有着大量的对局经历，所以我总是把生活中大大小小的事情比作下棋，我认为下棋和人生在本质上有很多相似的地方。现在，由于我把大量的时间和精力都放在了数学上，我在看待问题的时候就难免会受到各种数学思想的影响……之前在那所安全级别较低的拘留所里，我曾交到一个朋友，他总是告诉我说，我只有坚持不懈才能干好手中的事。于是我就想，数学是不是可以锻炼人的毅力？此外我还注意到一件事，那就是根据这本书的描述，同一历史时期的数学家之间大多认识彼此，大家常常一起交流，一起学习，有些人还会拜他人为师，更夸张的是，这些数学家的后代之间通常也会保持联系，甚至互拜师徒，就这样子子孙孙一直延续到今天——我相信只要顺藤摸瓜，一定能整理出一份数学界的"族谱"。

您笔下的每一段话，都是我灵感的源泉，我已经迫不及待地想要拜读您的这本书了。没错，您可以根据具体需要在书中讲述我的各种故事，如果我们谈论的那些数学内容可以帮助您更好地阐释观点，那我实在想不到任何理由拒绝让您使用它们。毕竟，我出狱之后也想利用我的这段经历来帮助那些和15岁时的我一样误入歧途的人，为那些愿意对这类失足少年伸出援手的人提供各种参考与建议。如果真有这种机会（我相信我一定会有的），那么无论是几年、十几年还是几十年，我都愿意等下去。

因为我相信，在我17岁那年，如果有人能够给予我足够的关怀，帮助我成功拿到普通教育发展证书，取得亚特兰大技术学院的入学资格（当时我真的差一点就被录取了），让我看到生活充满阳光的一面（或者至少让我看到另一种生活方式的可能性），我肯定有很大机会过上积极向上的生活，而不是沦落到今天这种地步。在我看来（我心中的千言万语都可以总结成下面这句话），即便抛开我的个人经历不谈，大家也可以根据自身的所见所闻推断出一件事，那就是在当今社会，人与人之间的关怀正在变得越来越少，人与人之间的距离正在变得越来越远（其实不只是当今，这种现象已经存在很长时间了）。

克里斯

2018 年 7 月 25 日

12 13

爱

如果我的言语当中没有任何爱意，那么不管我说的是哪国语言，就算我能够像天使一样说话，我的言语跟嘈杂的锣鼓声也没有什么区别。

——保罗（基督教使徒）

我们必须记住，教书育人的真正目的，不仅在于让他人掌握智慧，还在于帮助他人塑造美好的品性。所谓合格的教育，不仅要赋予他人专注做事的能力，还要赋予他们辨别事物的能力，好让他们能够找到一个值得为之付出的目标。

——马丁·路德·金

读博士研究生的时候，我整个人曾一度处于崩溃的边缘。当时我已经在某个研究课题上耗费了两年的心血，可突然之间我发现，我的论文中存在一个根本性的错误，导致整个理论完全站不住脚，这两年的付出可以说是毫无价值。我只好想方设法给自己的工作找到一些意义，好让自己的心血没有白费。于是我试着把自己发现的这个反例发表出来，结果却遇到了更让人绝望的事：早在 20 年前就已经有人在某个我从来没听说过的小众期刊上发表了同样的反例。

毫不夸张地说，博士学位就是我的一切，我的努力和奋斗全都是

为了它。现在博士学位近在咫尺，按理说我没有任何理由放弃这个目标——可事实上，当时的我实在是太绝望了，我真的在认真考虑是不是应该彻底告别数学事业。

我从小就喜欢研究数字规律，喜欢挑战那些难度颇高的题目。我会在课余时间阅读马丁·加德纳所著的各种数学读物。我喜欢探索数学，我享受数学探索者这个身份。还记得在高中的时候，我拿到了一本研究生的数学教材，上面的文字我一点都看不懂，但我没有气馁，反而迫切地想要弄懂它。数学博士学位既是我个人的梦想，也是父母对我的期冀。在我父母看来，高学历就是一个人取得成功的标志：他们是来自中国的移民，生活条件十分艰苦，在攻读高等学历的同时，往往还要做好几份兼职来维持生计。可即便这样，他们也没有放弃。所以不难想象，当得知我被哈佛大学录取的那一刻他们有多么激动。可是另一方面，我的家在得克萨斯州，波士顿离我们实在是太远了。在我离家远读的那一天，我那不幸罹患渐冻症的母亲悲痛欲绝，泣不成声。那段时间，在众多因素的影响下，我的意志极为消沉。在刚到哈佛大学的头两个月里，我在日记中写下了这些文字：

> 此时此刻，我感到茫然无助，进退两难，我不知道该怎么办。虽然我的家人希望我继续念书，可我总觉得我应该待在家乡，尽我所能地为家里做点什么。
>
> 虽说大部分一年级新生都会产生自我怀疑，可我总觉得我的情况比别人严重得多。我感到课业异常繁重，我原以为我会干劲十足，可不知怎的，我的积极性并不高。我想不通问题到底出在哪里。
>
> 我的信心产生了动摇。我开始怀疑自己是不是真的想成为一

名数学家。可是，如果放弃数学的话，我又不知道自己该干点什么、能干点什么。

之后的三年，这种感觉一直没有消失，我一直生活在自我怀疑的旋涡中。博士生最主要的工作就是找到一位教授作为自己的导师，然后跟着他写一篇专题论文（必须是原创内容，必须是全新的研究领域），只有这样才能成功拿到博士学位。其间，我曾跟过好几位导师，我能明显地感觉到他们对我的评价都不是太高。此时此刻，我彻底失去了自信。

我为什么要花费这么多心血去读博？博士学位对我来说到底意味着什么？为了找到答案，我不得不解决另一个更基本的问题，也就是本书开头那个问题：

为什么要学数学？

是为了声名远扬，获得一些外在收益？是为了证明自己的数学天赋比其他人更高？是为了和别人攀比？还是为了探寻宇宙或人生的意义？实话实说，这些目的我都有。

这些年，我逐渐在数学当中找到了自我价值，数学就是我的全部。不过，这也导致我在高中和大学时期有点目中无人，表现优于他人时总会沾沾自喜。如今事情完全颠倒过来了，我发现跟其他人相比，我身上其实有很多不足之处，为此我经常垂头丧气，患得患失。我彻底理解了西蒙娜·韦伊，明白了她在意识到自己和哥哥安德烈之间存在差距的时候是怎样一种感受。起初，是那迷人的芬芳吸引着我走进了数学的果林，可亲自品尝之后，我发现树上结的全是苦果，这一切都是因为我过于看重外在收益，忽视了数学最本质的东西。我迷失了本心，失去了快乐。

数学本身是一种美妙的事物，可我在其中掺杂了太多目的性。那些成绩和成就原本只是衡量个人进步的参考，却被我当成了标榜自我价值的标签。多年的数学训练本应帮我树立起自信，养成谦逊的态度，可我却总是同他人攀比，把数学变成了一颗自我怀疑的种子，在心中生根发芽。受社会负面声音的影响，我给数学凭空增添了太多的条条框框，我不再把它当作一片孕育美德的沃土，而是把它当作炫耀才华的舞台。每次看到别人像虔诚的信徒一样夸赞我的天分，并承认他们自己的不足时——"天啊，你就是传说中的数学家吗？我跟你说我数学可烂了！"——我都会陶醉于他们充满钦佩与崇拜的目光当中，从而导致崇拜者更加确信自己的普通，导致我被崇拜者进一步神化，进而让大家觉得数学本就是为那些"绝世天才"准备的东西，普罗大众根本无权染指。现在，鉴于我在博士阶段的糟糕表现，这种观点只会导致一个结论：我不是这些天才中的一员。

虽然数学的真谛在于理解，可不知怎的，大家都把它当成了衡量个人能力的工具。意识到这一点以后，我觉得我真的可以放弃自己的学业了。就算没有这个博士学位，我也能活出应有的尊严。

∞

于是我开始四处求职，看看自己是不是可以找点其他的事情来做。当时，金融算是一个如日中天的行业，我的简历大部分也都投给了金融公司。在面试时，对方会问我很多和数学相关的问题，在耐心解答的过程中，我开始怀念自己的数学生涯，数学的美妙和神奇逐渐浮现在我的眼前。还有一些考官会给我出一些数学题，以考验我的数理逻辑。我很喜欢这些妙趣横生的题目，看着它们，我开始回想解题是一件多么快乐的事情，尤其是在不涉及任何利害关系的情况下。我不得不承认，数学已经变成了我生活的一部分，失去之后我才明白它对我有多么重要。意识到这一点以后，我不由自主地笑了起来。

当时，我还在哈佛大学的本科生宿舍兼任辅导员的工作［哈佛大学把学生宿舍（dorm）称为House］。虽然我做好了放弃数学事业的打算，可我还是干着和数学相关的工作，并努力让这些数学专业的学生相信，数学是一个非常了不起的学科。每天和学生们见见面，为他们提供一些力所能及的帮助，这种轻松且规律的生活感觉也不错，可以让我不再去想那些不开心的事。不过我发现，虽然面前这些学生都有一颗求知若渴的诚心，基本功也比较扎实，心思也的确都放在了数学上，可是在互相攀比的氛围下，还是有很多人觉得自己无法在数学之路上取得一番成就。他们垂头丧气，情绪失落，跟当年的我一模一样。我只好不断地劝导他们，告诉他们不必在攀比中寻求自我价值，也不必在竞争中探索数学的意义。另一方面，我也在不断地告诫自己不能当局者迷，我自己也要把这个道理付诸实践才行。

我在读博阶段度过的最快乐的时光，就是担任辅导员的那段日子。我可以静静地坐在桌旁，用自己的数学知识和学习经验去帮助对面的学生，让他们认识到数学的魅力与神奇。我很喜欢一边倾听别人在数学方面的理想与追求，一边站在更深的角度来认知大家。这种感觉就好比你在和他人进行某项体育运动——只有并肩作战过，才能真正了解自己的队友。能够陪伴他人渡过难关，跨过数学之路上的障碍，挖掘出大家真正的实力和潜力，对我来说是一种荣幸。我喜欢看到别人在理解、感悟的那一刻脸上绽放出来的笑容，世间最棒的感觉莫过于此。

∞

如果你一路跟随我的思绪走到了现在，那么你应该已经爱上了数学，也已经燃起了一颗探索的心。因此，我在本书最后一章所讨论的"爱"，并不是对数学的爱。另外，我也不是要和大家一起研究如何用数学公式来分析人与人之间的爱，尽管数学圈子中的确存在着很多好玩有趣的、与爱相关的数学模型。[1]

我真正想和大家共同探讨的，其实是一种"源自数学的爱"。这种爱和通常的爱有很多相似之处，比如它们都是人与人之间的一种感情；但二者也有明显的区别，因为前者产生于数学，表现形式也和数学有着千丝万缕的联系。爱，既是一种内心的渴求，也是一种优秀的品格。只有心怀爱意，我们才能填补他人心中的缺口。

爱是人心中最伟大的渴求，也是其他各种渴求的根本所在，比如前面提到的探索、意义、游戏、美、永恒、真理、奋斗、力量、公正、自由、集体。反过来说，这些渴求也在滋养着我们心中的爱意。所谓"源自数学的爱"，指的就是主动把被孤立的人拉入集体，为受压迫的人伸张正义，帮助他人在奋斗中成长，只不过具体手段都和数学密不可分罢了。爱一个人，就要赋予他探索的能力，传授他游戏的方法，帮助他建立起对美的向往、对真理的渴望，利用数学知识来挖掘他的创造力。除此之外，我们还要帮助他获取心灵上的自由、灵魂上的自由、力量上的自由，以及更重要的——思想上的自由。

爱既是各种优秀品格的发源地，也是各种美好品德的最终目标。每一种品格的核心都是爱，即便是在数学之路上培养起来的品格也不例外。要想让他人感受到这种"源自数学的爱"，我们就必须为他人建立希望，培养他人的创造力，帮助他人养成勤于思考、深入探究、深刻理解的良好习惯，大家彼此鼓励，携手共进，在心中养成对美的向往，把我们之前讨论过的各种优秀品格当作自己的追寻目标。

爱与被爱，乃是人类繁荣的至高标志。

不过，我们所说的爱到底是哪一种爱呢？

爱多种多样：比如有条件的爱，它会给人一种虚假的希望；比如转瞬即逝的爱，它完全取决于当时的个人感受；再比如"按部就班的爱"，这是一种因社会习惯和习俗所产生的爱，它并不包含多少真情实感，对数学的发展毫无裨益。在繁杂的社会生活中，我们每天都会被这些观点狂轰滥炸：膜拜富人，尊重强者，仰视学者，敬重权贵。可悲的是，这种现象也存在于数学的教育环境与学习环境中。无论是在课堂上还是在家里，我们总能听到类似的声音。那些本来就光彩照人的人——无论走到哪里他们都是焦点，无论干什么事情他们都能取得大家的信任与仰慕，所有人都对他们寄予厚望——通常在数学方面也能取得不错的成绩，只因为我们早就对他们产生了信任。可是，其他人怎么办？

我不是说我们不应该尊重数学专家的意见，也不是说我们不应该认可别人取得的成就。事实上，这些成就代表了人类智慧的最高水平，是全人类的共同财产，理应受到大家的尊重。每一个伟大猜想的证明，每一个惊人的数学应用，都应该像运动员打破世界纪录时那样得到大家的欢呼与呐喊。但我们也应该清楚，每个人所取得的成就，其实都建立在他人的贡献之上，但很多贡献者都没能在史册上留下自己的名字，没能被社会所铭记。个人的成功，一方面是自己辛劳工作的成果，是自己判断力和决策力的结晶；可另一方面，它也是群体的功劳，它必然受到生活环境、教育环境、家庭环境、社会环境等多方面的影响，而这些都不是个人能左右的。所以说，个人的成就很大程度上都要归功于集体，我们每个人都为之做了一些微小的贡献。

我说这些话，其实是为了呼吁大家多关注那些默默无闻的人，多发掘他们的潜力，同时也要多关注自己，不要轻看自己的能力。谁说只有那些功成名就的人才可以昂首挺胸、抬头做人，那些名不见经传的人就不配有尊严地活着？他们难道不值得我们多给予一些关注吗？那些初次踏上数学之旅的新人不是更应该得到鼓励与支持吗？有些人之所以没有在数学方面取得什么名气，其实只是因为他们缺少机会，并不是因为他们真的不如那些成就斐然的成功人士，对于这些人，我们不是更应该多给予一些关怀和勉励吗？虽然有些人和我们好像来自两个完全不同的世界，可这些人身上难道就没有什么值得我们学习的吗？我们为什么不能保持谦逊随和的态度，去了解一下他们别出心裁的思想、与众不同的经历，而非要和他们势不两立呢？

我们需要的爱，是一种无条件的爱。只有这种爱能够把数学从一种自我追求变成一种促进社会发展的力量。想要表现出无条件的爱，我们就必须承认人人生而平等，每个人都有最基本的尊严，这种尊严和我们的成就没有任何关系。无论男女老少，无论能力高低，无论哪种行业，无论我们遇到的人有多么另类，我们都应该花时间给他们一些关注，毕竟他们就在那里，我们有什么理由忽视他们？想要无条件地爱一个人，就要真正了解他，这意味着我们不仅要了解他在数学上的表现，还要了解他的方方面面。

我们这些专业的数学教育者总是这样跟别人说："我的工作就是教数学。"搞得数学好像只跟原理和公式有关似的。我们似乎忘了，我们这份工作最本质的内容并不是"教数学"，而是"教书育人"；我们似乎忘了，别人的学习方式、学习经历、学习环境可能和我们完全不同。由此可见，作为教育者，我们不仅要关心他人的学习，更要关心他们的整个人生。换句话说，我们不仅要关心他们在数学上的表现，还要关心他们在数学之外的喜怒哀乐、悲欢离合。

另外，作为一名数学学习者，你千万不能陷入思维误区，把数学当作一种纯粹的逻辑游戏，当作一堆冷冰冰的、没有感情的、只能因循守旧的规则。谁会想学这种东西呢？谁会想教这些东西呢？对吧。这根本不是真正的数学。你永远也不能站在人的主观意识和思想情感之外去认知数学、学习数学。

我们不是一台数学机器。每一次呼吸，每一次感觉，每一次流血，都可以证明我们有血有肉，我们是活生生的人。倘若数学根本不能满足我们内心深处存在已久的渴求——对游戏的喜爱、对真理的坚持、对美的追求、对意义的解读、对正义的拥护，那谁还愿意去学数学呢？作为一名数学探索者，作为一名正在努力将自己融入数学当中的人，你完全可以身体力行，用自己的实际行动去正确解读他人，为周边的人树立一个良好榜样。

你要相信，包括你在内，你生命中出现过的每一个人都可以在数学之路上找到属于自己的风景。

这也是一种表达爱意的方式。

别人在进行数学思考时，你能够予以尊重，别人在锻炼数学能力时，你能够予以认可，并相信他们有这份实力，你就是在关爱别人；能够充分发挥自己应有的实力，能够不受流言蜚语的影响，坚持把数学知识当作全人类的共同遗产，坚信自己可以沐浴在前人的光辉下，你就是在关爱自己；不再把所谓的数学天赋挂在嘴边，坚信每一个人都能在刻苦学习的过程中、勇往直前的道路上找到快乐，发现希望，并借此建立起各种美德，你就是在关爱每一个人。真正的爱，就是相信每一个人都可以在数学之路上找到属于自己的风景。

无论对谁来说，这都不是一件容易的事情。我自己也没能达到这种理想状态，因为我也曾看轻过、忽视过某些学生，有时是因为无意识的偏见，有时却是有意为之，因为自己没能看到蕴藏在学生身上的无限可能。对此我感到十分惭愧，我的所作所为玷污了教师这个神圣的职业。

如果你也遇到了一个和里卡多境遇相似的人，虽然热爱数学和科学，但身旁没有人能提供正确引导，那你不妨试着去鼓舞他，激励他，陪伴他不断前行；如果你也遇到了一个和西蒙娜经历相仿的人，总是喜欢拿自己和安德烈一样的人比较，一直生活在别人的光环之下，那你不妨试着去帮助她找回自信，让她走出一条属于自己的路；如果你也遇到了一个和克里斯托弗一样迷茫无助的人，稀里糊涂地和坏人成了朋友，染上了毒瘾，让人一眼看上去就觉得这个人不会喜欢数学，甚至可能有些好吃懒做，那你不妨试着去接触他，了解他，或许你会发现，真实的他和你看到的完全不同。

你要相信，包括你在内，你生命中出现过的每一个人都可以在数学之路上找到属于自己的风景。

从克里斯托弗第一次于监狱中给我寄信算起，已六年有余。如今，他正在用实际行动帮助其他囚犯学习数学，考取普通教育发展证书。他还用自己微薄的收入买了很多数学书，现在他正在学习拓扑学和更高级的数学分析知识。他说：

> 我的学习时间一般不太固定，周一到周五每天能学 3~5 个小时，周末的话大概能学两个多小时。具体时间跟我的学习状态有关。在监狱中，学习和阅读是一项异常艰难的事，因为我们住的不是"传统的"牢房，可以关上门安心学习，而是一种开放

式牢房，这里所有的空间都属于公共区域，我们住在一个8×10英尺的"敞篷格子间"中，围墙只有6英尺高，而8英尺宽的那面墙上有一个3英尺的门洞，但是并没有门。而且我的房间里没有传统意义上的"桌子"，我只能多找一把椅子把书放在上面学习。不过之后的情况可能会有所改善，因为我正在努力申请把自己调到一个有桌子的格子间中。

不过老是抱怨也没什么用。我准备写完这句话就拿起耳塞，提起我那两把椅子学习去。

现在，再也没有人觉得他懒惰，再也没有人觉得他这种人跟数学毫不沾边。若是放在15年前，我真的能预想到他可以走到今天这一步吗？借用西蒙娜的话来说，如果当初有人向他展示过"那个卓越超然的王国"有多么美好，他会不会早就功成名就了呢？[2]

你要相信，每个人心中都隐藏着一份对数学的热爱。

无论是在数学领域还是在生活中，当你身边的人遇到困难时，希望你可以多花一些时间和精力去陪陪他们，并给予他们长期的支持和帮助。当他们在数学之路上深陷泥潭、寸步难行时，你可以引导他们走出困境，帮助他们恢复勇气，为他们的成绩和表现欢呼喝彩——你甚至根本不需要任何专业的数学背景就能做到这些。对于那些最容易被他人忽视的人，更需要你主动站出来向他们施以援手。希望你可以常常用"我看到了你的付出与努力，我觉得你在数学方面肯定能取得一番成就"这样的话来鼓舞他们；希望你可以努力为他们创造一些机会；希望你可以为他们提供正确的引导，帮助他们建立起各种优秀品格；希望你可以及时看到他们遭受的苦难，热心地问问他们："你还好吗？有什么难处可以跟我说说。"

你要相信，包括你在内，你生命中出现过的每一个人都可以在数学之路上找到属于自己的风景。

每个人都在无声地呐喊，期望自己能够得到他人的正确解读。每个人都在无声地呐喊，期望自己能够得到他人的关心与爱。身处监狱的克里斯托弗需要的不仅仅是数学方面的专业建议和意见。他想和志同道合的同行者建立联系，他希望某位在数学方面和他拥有共同语言的人能够出现在自己的生命中，然后告诉他："别害怕，你不是一个人，我和你一样痴迷于数学，陶醉于数学，我们都是数学大家庭的一分子。"

当我因博士阶段的繁重学业陷入绝望的深渊，因教授们的辛辣言辞而陷入挣扎的旋涡时，一位教授及时站了出来，用支持与鼓励给我带来了光明。听说我打算离开数学界，他立刻劝我："别着急放弃，不如跟着我再试一把。"这些温暖的话语，这种充满善意的爱，给我带来了莫大的安慰，甚至让我感觉有些受宠若惊。深刻反省以后，我终于意识到，我根本不需要用一个博士文凭来认可自己的学业，证明自己的价值。明白这一点之后，我如释重负。现在我得到了一个机会，让我可以重返数学领域。这次我可不能再被那些表象蒙蔽了双眼，我一定要找回数学最本质的快乐。

随着思维的一次次锤炼，随着思想的不断开放，两个人会逐渐奔跑在同一片星空下，为了同一个梦想和目标而奋斗。一路上，我们摒弃了各种偏见，放下了最初的骄傲与自卑，一起见证了真理的美丽与伟大，真正理解了对方，读懂了彼此。为了让对方能够在数学之路上走得更远，为了让彼此离成功更近一步，每个人都会不遗余力地燃烧自己，奉献自己。虽然我们每个人都会受到身边环境的限制，但我们决不能让自己的想象力也跟着被囚禁起来。没有任何一个人愿意被他人忽视或无视，每个人都想得到他人的正确解读，都想让他人看清自己最真实的一面。熠熠生辉的球状星体，令人沉醉其中难以自拔的万物规律，勾起人们探索之心的、宇宙当中无处不在的对称性，无一不是全人类的共同财产。只要心中充满爱，彼此信任，互相帮助，那么每个人都能掌握探索的能力，每个人都能享受发现的乐趣，每个人都能从这些惊人的财产中拿到自己的那份礼物。

现在，请你思考一下：

你有没有想要去爱的人？有没有哪些人需要你去重新认知、重新解读？

最后，我想跟大家分享几个启示。

第一个启示来自西蒙娜·韦伊。多年以来的不安与惶恐，终于让她明白，在数学当中的奋斗与努力，不是失败的象征，而是培养优秀品格的必经之路。只有经历了磨难的洗礼，自己才能帮到更多的人。她写过这样的话：

要想全心全意地爱我们身边的人，其实并不难，只要经常问问他们"你怎么了？有什么难处吗？"就好了。如果他们真的正在遭受不幸，那我们一定要重视起来，千万不能轻描淡写地把这种不幸当成是人生必须经历的东西，告诉他们忍一忍就过去了。也不能冷冰冰地给他们贴上一张"不幸者"的标签，然后再也不管不顾。我们需要做的，是把他们当作跟自己一样的活生生的人，我们要明白，某些苦难和不幸若是处理不当，必将会成为某个人一生的痛楚。由此可见，关爱一个人，其实只要树立起正确的态度就可以了。虽然看似简单，却是一个必不可少的步骤。

想要树立起正确的态度，让他人感受到我们的关爱，我们有时必须彻底放下面子，全心全意为他人考虑，看到他最初的面貌，发掘他最真实的内心。

只有主动关心他人，愿意关爱他人，我们才能做到这一点。

另一方面，不论是撰写一篇拉丁散文，还是解答一道几何难题，哪怕文笔不佳或解法有误，只要我们付出了努力，找到了方向，那么在将来的某一天，之前挥洒过的汗水就很有可能给予我们丰厚的回报。虽然看上去好像有些矛盾，但这就是事实。总有一天，我们学过的知识可以让我们以更恰当的方式去帮助那些正在遭受不幸与苦难的人，在他们最无助的时刻，给予他们最需要的东西，帮他们顺利渡过难关。[4]

在努力与奋斗之中，西蒙娜收获了各种各样的美德，明白了数学是一门为了让人类繁荣发展的学科。

第二个启示来自里卡多·古铁雷斯，我们之前介绍的那位音频工程师。虽已年过四十，但他还是决定重返校园，深入学习数学和计算机知识：

虽然除我之外，教室里面全是 20 多岁的年轻人，可我很享受这段时光……我学到了很多以前根本不知道的知识，体验到了以前不曾拥有的快乐。

自从重返校园的第一天起，我的学习之路就一直坎坷不平。尤其是微积分课程，让我费了好大一番功夫。由于最近 20 年都没怎么接触过这些东西，我发现学习变得更吃力了，真是想不通当年我是怎么把这些公式和数字玩得得心应手的。不过，即便这条路注定充满了艰难险阻，即便我的理解力已经不比当年，我还是感觉现在这种状态才是我人生应该有的样子，我的生命比以往任何时候都更有活力。

过程中的这些困难，没能阻止里卡多追寻自己的数学梦。他内心明白，数学的存在本就是为了让人生之花绽放得更为璀璨。

第三个启示来自麦克斯·特里巴（Max Triba），一位数据科学家。我曾以美国数学协会会长的身份做了一次以"人类繁荣"为主题的演讲。读到演讲内容之后，他给我写了一封信：

> 我刚刚读完您的那篇文章《数学与人类繁荣》，迫不及待地想要跟您分享我的故事。二年级的时候，我总是搞不清减法的运算方式，于是我跑去向老师请教。没想到她疾言厉色地训斥了我一顿，跟我说了很多像是"你的问题太简单了，自己好好研究研究不行吗"这种敷衍的话。我只好闷闷不乐地回到座位上，感觉自己蠢到家了。自此以后，我再也没有向其他人问过任何数学问题。而且虽然我一直努力学习，可是在上大学之前成绩总是普普通通，不见起色。
>
> 读大学的时候，我爱上了航空航天工程这个专业，可是这个专业需要极强的数学功底，令人望而生畏。与此同时，我发现经济学也非常对我的胃口，而且我还发现，数学竟然有如此的魔力，居然可以如此优雅地阐释一些复杂的社会经济现象。虽然我只有本科学历，可毕业之后我一直在从事应用数学方面的工作，如今我在医疗保健领域成了一名时间序列分析师。我多么希望 8 岁那年就有人相信我，跟我说我完全可以胜任这些工作。

我永远也忘不了我发现数学和人文之间具有深刻联系时那种美妙的感觉，我很喜欢和身边的人分享这种见解和感悟。我的亲身经历使我坚信，无论男女老少、能力高低、种族文化差异，还是其他什么因素，所有人都可以迈进数学的大门，所有人都可以享受到数学世界的快乐和奇妙。

虽然之前因为种种原因和数学专业失之交臂，但如今靠着自己心中的那份热爱，麦克斯又重新回到了数学领域。他很清楚，每个人都可以通过数学让生命变得更精彩。

我之所以写下这么多文字，主要是因为我心中抱有一个美好的期望，想借这本书来鼓舞大家，帮助大家在数学之路上找到属于自己的旅程。我希望大家在读完之后，再也不会说出"我天生就和数学无缘"这种话，因为书中有无数的事实可以说明，数学和人类息息相关，密不可分，任何一个人都不可能切断自身和数学之间的联系，你也不例外。此外，我还希望大家可以把书中这些案例分享给身边的人，好让所有人都明白，数学是人类智慧的结晶，是大家共同努力所得到的财富，它深深地根植于每个人心中那些最基本的渴求当中，可以引导我们去追寻那些最为优秀的个人品格，帮助我们养成所有人都憧憬不已的人类美德，进而让每一个生命都可以在真善美的照耀下找到自己可以为之奋斗一生的东西。如此一来，我们必然可以在数学当中找到爱的真谛，必然可以用学到的数学知识为彼此提供更加真诚的关怀与帮助，在爱的光辉中携手前进，共同进步。

愿每一次探索，大家都能从中收获 shalom 与 salaam；愿在每一次探索之中，主都可以赐予你们恩惠与平安。愿你和你所爱之人都能够蓬勃发展，走出一条枝繁叶茂、繁花似锦的人生大道。

弗朗西斯先生，您好：

在过去两年中，我一直在服刑的这所机构中担任普通教育发展证书的数学指导教师。

尽管这里的教育部门办事效率极其低下，但我还是成功地帮助12位狱友拿到了普通教育发展证书。有位年轻的狱友再过几年就要刑满释放了，他说出狱之后想重返校园，学习工程学方面的知识。所以在接下来的两年里，我要努力帮他学习《代数II》《大学代数》《几何学》《三角学》《微积分I》《微积分II》等课程。

最近我读到了一篇报道，上面说有位26岁的女性，尽管数学不算很好，但还是毅然决然地回到了课堂，去追寻自己的工程师之梦。不过很多时候，受环境等因素的影响，大家的意志并不会像这位女性一样坚定，我自己也是这样。不过我现在已经燃起了斗志，为了达成自己的目标我会加倍努力。出狱之后我一定要成为一名职业数学家，这样我才能一边研究数学，一边从事我喜欢的教育工作。……

数学不仅给了我一个改过自新的机会，也给了我一片光明的未来，指引着我成为一个更优秀的人。数学还给我铺好了一条人生大道，为了能够看到更多风景，享受更多乐趣，我愿意沿着这条道路坚定不移地走下去，直至人生的终点。

克里斯

2017 年 5 月 31 日

后记

　　弗朗西斯：克里斯你好，首先我要对你的无私表示感谢，你提供的这些个人事迹在本书中可以说是起到了画龙点睛的作用。此外我也要感谢上天能够赐予我们二人这样一段缘分，能够让我们在这么多年的时间里一直保持书信往来。我最想看到的事情，同时也是我最坚信不疑的事情，就是每一位读者都会像我一样，深深地被你的经历所打动、所鼓舞。现在，为了让意犹未尽的读者们能够再多走一段旅程，你能不能再多讲一些你自己的故事？

　　克里斯：当然可以。我也很感谢您能够通过此书把我的故事分享

给大家。我从咱们的信件中学到了很多东西，如果这些东西刚好也能给大家带来一些启发，那可真是太好了。

弗朗西斯：读者们已经初步了解了你的学习经历。起初，你只是在阅读一些基础的数学科普著作；后来，你开始把目光投向难度更高的专业教材；如今，你已经和业内的数学家们一样，捧起了专业期刊和文献，尽管有些术语你还不太了解。我觉得，在同样的学习阶段，在同样晦涩难懂的专业资料面前，当年的我根本没有你这种毅力和决心。

克里斯：对我来说，数学就是一把用来开启创造力的钥匙，很像《我的世界》这类游戏。我喜欢抽象的事物，因为抽象当中既蕴藏着很多可能性，使得同一个抽象概念可以对应各种不同事物，又蕴含着强大的力量、很大的包容性，可以把不同的概念或事物串联成一个整体。要说这些抽象事物能给我带来什么具体好处，我可以给大家举一个例子：现在，你在逻辑思维的帮助下学习了一些知识，而且学得非常明白。然后你找到了一个可以无话不谈的朋友，跟他讨论你刚学到的东西（如果你有这么一位朋友的话）。如果他的观点完全不合逻辑，那么在逻辑思维的帮助下，你就可以"看到"他逻辑当中的漏洞，然后耐心地跟他解释，告诉他问题出在哪儿（不过你没必要非得说服对方，也没必要非得争出个孰对孰错）。这还仅仅是逻辑思维带来的好处而已。

弗朗西斯：你知道，我很喜欢下面这个问题，现在我准备拿这个问题来问问你：根据你的经验，你觉得数学的研究过程和学习过程中有哪些需要注意的东西？

克里斯：我认为，无论是在学习阶段还是在创造阶段，我们都要注意，解决问题的方式有很多，每个人擅长的方法也不一样，你只要找到适合自己的道路就好了。有时你的想法会让人觉得稀奇古怪，有时你的思路可以起到立竿见影的效果，有时你的方案甚至会有悖常理，这都是正常现象，不必担心。只要能解决问题，你的方法就是好方法。当然，我也不是说只要付出就一定能有所收获。要想成功，你还得充分发挥自己的创造力才行。数学是一门讲究创造力的学科。

弗朗西斯：没错，数学的探索会激发人的创造力。相信读者已经发现，我在书中列举了大量案例，就是想说明数学是人类繁荣发展的推动力。一方面，数学无处不在，因为它能完美地契合人类心中那些最基本的渴求；另一方面，数学也能给大家带来很多益处，比如适当适量的数学练习可以帮助大家建立很多优秀品格。现在我想问问你，书中这些观点与见解是否给你带来了某种鼓舞，或是某些挑战？对数学的不懈追求帮助你获得了怎样的优秀品格？鉴于在本书的初稿阶段你给出了很多宝贵的意见（非常感谢），所以我相信，你一定深刻思考过这些问题。

克里斯：其实在我们谈论过的那些内容中，有很多都给我带来了鼓舞和挑战（我觉得鼓舞和挑战很像，二者没有太大区别）。不过，虽然本书大部分内容都能给我带来鼓舞和挑战，但有段话令我印象尤为深刻，让我想到了很多之前不曾思考过的东西。那段话是这样说的："创造力是一种谦逊的力量，它永远把别人放在第一位，它会想尽办法去解放他人的创造力。"在我的人生逐渐步入正轨之后，我终于意识到我之前实在是做了太多荒唐事。如今我幡然醒悟，为了不重蹈覆辙，我现在会时不时地进行自我反省，认真思考自己的一举一动会给身边的人、周围的环境带来怎样的影响。我教别人知识的时候会产生一种难以言表的自豪感，我感觉自己正在"解放他人的创造力"——

这种感觉让我更加热衷于分享知识，传递思想。

另外，数学也帮我建立起了持之以恒的决心：遇到棘手的难题时，我会不断告诫自己，只有坚持不懈才能有所收获。在我看来，只有反复尝试，不断努力，才能看到解决问题的希望。比如现在有个难题摆在我面前，我暂时找不到任何思路，但只要我永不言弃，只要我一直把这个问题放在心上，那么在出去走一走换个思路之后，或是在第二天，或是在第三天……我总能找到解决方案，总会离最终的真相越来越近。这种办法屡试不爽，90% 的情况下都能奏效。此外，我也很清楚集体的重要性：如果我们不愿意互相分享知识，互相传授经验，那么没有任何人可以取得伟大的成就。

弗朗西斯：你说得太对了。此外，本书中我其实一直在强调这样一个观点，那就是我并没有把数学当成解决人间疾苦的灵丹妙药。数学并不能解决人类的所有问题，也不能让每一个灵魂都能找到自己人生的价值和生命的意义。不过我们也不得不承认，数学在很多方向上都对我们的生命产生了重要的影响，帮助我们走出了更精彩的人生，你的亲身经历便是最好的证明。那么，除了数学，还有没有别的什么事情，既可以让你乐此不疲，又有助于你的个人发展？

克里斯：这么说的话……国际象棋也教会了我很多东西。另外，在体育运动的过程中我锻炼了自己的耐力，尤其是跑步这项运动，几乎每跑半英里我就想停下来歇一会儿。可是如果我抑制住这种欲望，不去想休息的事情，那么在不知不觉间，我就能一口气跑上四五英里，有时甚至能跑 10 英里。此外，经常向不同的人请教，聆听不同的想法，也让我学到了很多东西（一定要认真聆听，仔细揣摩他人的话语）。比如我明白了一定要多角度看待问题（就像你一直强调的那样），同时也养成了开放的心态。

弗朗西斯：我相信读者一定能够从你的信件中得到很多启发。既然这些信件全部写于本书创作之前，现在你重新读到它们时是怎样一种感受？

克里斯：重读的时候，我可以站在全新的视角去看待以前的问题，看看那些观点是否正确，是否存在瑕疵或纰漏。我喜欢时不时地回顾一下以前写的东西（无论是诗歌、信件，还是其他形式的文字）——包括其他人对此写下的评论、意见等内容——感受其中的物是人非，同时见证自己的成长。无论是通过咱们之前的信件，还是通过我与其他任何人的信件，我都能看到自己对知识的理解正在变得越来越深刻，掌握的东西也越来越丰富。

弗朗西斯：我也发现了你身上的这些变化，我为你感到开心。听说你现在正在帮助狱友们学习数学知识。为了改变大家对数学的刻板印象，让大家对数学形成一种正确的认知，你是如何跟他们沟通的呢？

克里斯：鉴于很多狱友都和我一样从事过毒品的贩卖与销售，我在教他们数学的时候会用交易当中的术语来阐释一些概念，效果往往不错。最近我在教大家什么是直线的斜率，什么叫恒定的变化率，以及线性函数的概念与运算。为了让大家能够听明白，我的表述方式常常是这样的："x 是自变量，y 是因变量，x 代表时间，y 代表金钱……如果你 1 小时可以卖 7 件衬衫，那么 3 小时可以卖几件？……没错，是 21 件，那么 4 小时卖几件？5 小时呢？这就是所谓的'恒定的变化率'。"这就是我的沟通技巧，每次我都尽量把数学知识变成"真实的生活场景"。

弗朗西斯：虽然信件的篇幅都不太长，但我相信读者还是能够从只言片语中发现，你最近这一年过得异常艰辛，在上一所监狱中遭受了很多不公正的待遇。还好现在情况已经有所好转，之前我真是替你捏了一把汗。我想知道，监狱生活中哪件事让你最为头疼？

克里斯：我是一个崇尚自由的人，所以对我来说，最让人头疼的就是我失去了自由。在大多数情况下，你根本无法自己安排时间（无法自由安排日常生活），这是一件很痛苦的事情。尽管我被判处了一段时间的监禁，但这并不意味着我就低人一等了，可事实上有些（几乎是全部）工作人员根本不把我当人看。这段经历对我造成了巨大的精神打击。尽管我已经有好长一段时间没有沉溺在颓废消沉之中，可我一直没有摆脱掉这种负面情绪给我带来的长久影响。那种日复一日的单调与枯燥，那种强制性的无所事事，让人感觉自己的生命只是一种"短暂的存在"（我忘了是在哪儿看到这句话的了），一切的一切好像都失去了意义。

这么说吧，只要你不是一个虚度年华的人，你就一定能理解那种感受——在强制力的胁迫之下，你的生活彻底失去了意义，彻底失去了目标。在那段不堪回首的时间，是数学给我带来了帮助，让我看到了光明，让我找到了奋斗目标，甚至引领我树立起了一个更为宏伟的愿望，那就是把数学知识不断地传递下去，让更多的人能够享受到教育带来的快乐，进而激发大家的学习热情。

弗朗西斯：在本书中，我花了不少笔墨讨论种族问题。这是一个很尖锐的话题，讨论起来极为困难，因为每个人经历过的种族问题都不相同，而且很多经历都会让人感到痛苦不堪。不过我还是希望大家在读完我的这些文字以后能够时常反思，看看自己在"如何看待他人与数学之间的关系"这个问题上，是不是产生了一些先入为主的偏见。作为一名非洲裔美国人，你在学习与生活中遇到过哪些障碍呢？

克里斯：年轻的时候，我在校园里几乎没有遇到过任何糟心的事（除了我自己惹下的那些祸事）。在还没有走进非传统学校的那段时间里，我就读的学校一直都很不错，教师们也来自五湖四海，什么种族都有，而且人都很好。自从成年以后，我就一直没离开过监狱，所以我人生的大部分时间都是在铁窗中度过的。至于入狱之前的那段青少年时期我过着怎样的生活，如果你和身边的亲人都没有亲身经历过，那你很难明白那是一种什么样的人生状态。唉，说实话，有时候连我自己都弄不清。不过，自从来到这些安全级别较低的关押机构以后，我就见识了什么叫作种族歧视。这些歧视有时来自非黑人囚犯，有时也来自年纪较大的黑人囚犯，以及监狱的工作人员。如果你年纪不大（不得不说，我看上去还挺年轻的），同时又刚好是一个黑人男性，那么所有人都会先入为主地认为你这个人什么都不懂。既然我遭到了冒犯，那么按理来说我应该生气，可事实上我很清楚，这种破事在监狱里实在太正常不过了，而且我也知道，受大环境的影响，大部分人都只会以貌取人，看待事物永远只停留在表面。所以我选择一笑了之，并没有过分纠结这些事。

弗朗西斯：经历了这么多年的书信来往，我们总算在几个月之前实现了第一次见面，那种喜悦与激动到现在都没有完全消失。其实见面之前我还是有点紧张的，但这丝毫不影响我对这次见面的期待。话又说回来，之前咱们都是通过文字交流，亲自会面的那一刻心里总是感觉怪怪的。不过下了两盘国际象棋之后，这种尴尬的感觉很快就烟消云散了。另外我不得不感慨一下，你的棋艺真是不错，居然接连两局都把我压制得毫无还手之力！我的感觉差不多就是这样，你呢？第一次见面的时候你是什么感受？

克里斯：您当时算不上紧张吧，我可一点儿都没看出来。另外您

在经历了长达五年的书信交流之后，我和克里斯托弗·杰克逊
终于跨过了几乎是整个美国大陆的距离，于 2018 年 11 月第一次见了面。
照片的背景是监狱墙上的一幅壁画，也是监狱中唯一允许拍照的地方

之前也说了，您很久都没下过棋了，所以这两局胜利实在说明不了什么。跟您交谈非常愉悦，我很享受这种感觉。我知道我说话有时会太过"热情"，朋友们总是这样跟我说："不用担心，克里斯，我们知道你不是故意要让语气显得这么尖锐，不过你讲话时的情绪的确相当饱满，让人听上去就觉得你对自己的言辞充满了信心。"希望这种热情没有让您太过困扰。我记得打破了最初的尴尬之后，我们马上就热切地交流了起来，我从对话中也学到了很多东西（比如，所有平方数要么刚好被 4 整除，要么除以 4 之后余 1）。在我看来，您是一个言行一致、谦逊大方的人，总是能够给人带来激励与希望。我很欣赏这些品格，我自己也在朝着这个方向努力。

弗朗西斯：其实我的感受和你一样，我也觉得你是一个真诚体

贴、谦逊大方的人。如果你可以遇到年轻时候的自己，你会给他哪些忠告和建议？

克里斯：年轻时候的我啊，要是真能遇到，在他乖乖听话之前，我说话必须得严厉一些才行。不过我相信他最终一定会听我的话。一直以来，我都更愿意信任那些年龄稍大于我的人，更愿意聆听他们的教诲，尤其是在他们说话颇有几分道理且赢得了我的尊重的情况下。对小克里斯来说，有些话必须再三强调，因为他是一个相当固执的孩子。我最想让他明白的道理，最想对他说的话就是："做一个酷酷的小孩很有意思，有时也的确应该融入周边环境，但有件事远比这些鸡毛蒜皮的事重要，那就是你一定要看清事实与真相，一定要时刻清楚自己身边到底发生了什么，决不能糊里糊涂地过日子。真实的世界比你看到的世界广阔得多：几乎有无数种方式可以让你出人头地，可以让你实现自己的理想，千万不能为了一时的利益搭上自己的整个人生。尽管很多时候我们总是更看重金钱这类比较物质的东西，可实际上它们一点儿也不重要，生活和未来才是你的一切，绝对不能用金钱这类东西去衡量它们。"虽然小时候的我异常倔强（这也是如今我意志如此坚定的原因），但我现在已经成熟了很多，我绝对可以跟他讲明白这些道理。

弗朗西斯：你对未来抱有怎样的希望？怀有怎样的担忧？

克里斯：虽然目前我取得了一些成果，但我还是希望接下来的人生中我可以做出更多更有意义的事情。我希望我能够帮助到更多和我情况相似的人，这样他们就不会再遭受我曾经遭受过的痛苦，犯下我曾经犯过的错误，深爱着他们的家人和朋友也不会再像我的家人和朋友一样咽下大量的泪水，遭受大量的悲痛。我希望我可以在闲暇之余让更多的人爱上学习，点燃他们对知识的渴望。我希望自己没有夸夸其谈，希望自己可以言出必行，希望自己可以通过努力让更多的人正确地理解与运用自己手中的力量。要说有什么担心与忧虑的话，我担心自己不会成功。可这个答案是不是有点投机取巧？毕竟每个人都会有这种担忧。要不我说一下我之前所忧虑的事情吧。我之前很害怕，害怕长久的监狱生活会把我彻底压垮，把我变成一个愤世嫉俗的人，从而失去前进的动力，失去对未来的期望，导致我即便重获自由也无法完成当初的梦想。不过我现在已经不太担心这种事了。除此之外，真的没什么事值得我去担心忧虑。我觉得，如果我能熬过眼前这一切，那么之后无论出现什么样的刀山火海、惊涛骇浪，我都能挺过去。

弗朗西斯：谢谢你，克里斯，谢谢你能够敞开心扉，跟读者们分享你的故事。我相信，不管之后的路有多么难走，你都能够顽强地坚持下去，活出生命的精彩。

克里斯：谢谢您能够把我的故事放在书中。我觉得从某种程度上来说我算是一个很幸运的人：挣扎的时候有人可以拉我一把，奋斗的时候有人能够伴我前行，他们在尽己所能地为我营造更美好的明天。谢谢你们。

克里斯是在 19 岁那年入狱的。迄今为止，在共计 32 年的刑期当中，他已经服完了 13 年。由于联邦监狱制度中没有假释这一说法，即便他表现良好，得到了减刑，他最早也得挨到 2033 年才能重返自由世界。他的刑期主要来自两起犯罪，单独来看的话，每起犯罪都会给他带来 7 年的刑期。可是由于当时的法律过于严苛，虽然第一

起犯罪的确判了 7 年，但第二起犯罪足足判了 25 年。尽管 2018 年美国国会通过了《第一步法案》，可以让他这种情况的罪犯少判很多年，可这部法案无法对克里斯的案件生效。如果它可以追溯克里斯的案件，那算起来克里斯现在应该已经重获自由了。

我发现当今社会有很多人都喜欢压榨那些边缘化人群，一边让他们干苦力一边不给他们任何报酬。不过大家请放心，我不会忘记克里斯对本书的巨大贡献，他理应拿到他应得的那份报酬。

监狱生活原本并不好过，不过在数学的帮助下，克里斯得到了更长远的发展，过上了更充实的人生，甚至有余力去帮助他人，为他人的生命增添更多色彩。无论是在监狱内还是在监狱外，世界上其实还有很多和克里斯一样的人。在我的个人网站上（francissu.com），我列出了一份表格，上面都是可以为有需要的人提供一臂之力的机构和资源。我希望在你的无私支持下，在社会的大力帮助下，每个人都可以蓬勃发展，每个人都愿意帮助身边的人，彼此支持，互相关爱，一起走向丰富多彩的人生。

或许，你的身边早就有了和克里斯、西蒙娜一样的人。如果可以的话，为什么不多给他们一些鼓励与支持呢？在这一过程中，你也会得到宝贵的回赠。

附录 1　内心渴求与优秀品格

数学的探索建立在内心渴求之上，优秀的品格形成于数学探索之中。下面我将列出本书中出现过的全部品格，其中加粗的文字既是每章的标题，也是内心的渴求之一；粗体字右侧便是该章中我同大家讨论过的个人品格。

探索　　想象力

　　　　创造力

　　　　对未知的期待，对真相的渴望

意义　　构建故事的能力

　　　　抽象思考的能力

　　　　坚韧

　　　　沉着思考

游戏　　对未来的期望

　　　　好奇心

专注力

面临困境时的自信心

耐心

毅力

多角度看待问题的能力

开放性精神

美　　　深度思考

对美好事物的感恩之心

对超然之物的敬畏之心

总结归纳的能力

对美的向往

永恒　　相信理性，相信思考

真理　　深入探究

深刻理解

独立思考

思维严谨

仔细审慎

智识谦逊

勇于承认错误

坚信真理

奋斗　　坚忍

临危不乱

妥善解决新问题的能力

自信

熟练掌握，活学活用

力量 掌握理解、下定义、量化、抽象、可视化、
   想象、创造、决策、建模、多重表达、总结
   概括、洞悉结构

为人谦逊

勇于牺牲

善于鼓舞

乐于奉献

解放他人的创造力

提升人的尊严

公正 同情边缘群体

关怀被压迫者

勇于挑战现状

自由 足智多谋

敢于提问

独立思考

将挫折视为垫脚石

对知识抱有信心

创造性思维

体验到学习数学的快乐

集体 "热情好客"

擅长教学

擅长引导

能够肯定他人的表现

自我反省

关心他人

同理心

爱 爱，既是全部美德的源头，也是各种优秀品

格的终点

附录 2　各章节的拓展与补充

如果只想浅尝辄止，不愿深度思考，不愿亲自实践，那我们的认知水平与解题能力永远都无法取得进步。下面这些观点与分析只是为了抛砖引玉，希望大家能够多加思考、多加实践，收获一些属于自己的东西。此外，我正在不断更新完善我的个人网站（francissu.com），上面有很多与本书相关的内容可供各位教师参考，其中的推荐书目与参考文献大多带有跳转链接，大家可以自行查阅。

- 繁荣 -

下面这三个问题，你在阅读本书之前或许就已经有了答案。果真如此的话，我希望你在阅读本书之后可以再次思考这些问题，看看自己的答案有没有变化。

1. 什么是数学？如果有朋友问你这个问题，你该如何用简短的一两句话向他解释清楚？你觉得自己学习数学是为了什么？别人学习数学又是为了什么？
2. 你觉得数学与做人之间有没有什么共同之处？
3. 说说你在学习数学的过程中收获了哪些优秀品格。

- 探索 -

1. 回想一下，是否有哪件事物激发了你的探索欲望，并令你沉醉其中？（比如某处风景，某个想法，某款游戏，等等。）你觉得这次经历和数学学习之间有没有什么共通之处？

2. "社会中的数学探索者就是人类的先驱。每当自己的文明到了生死存亡之际，他们都会挺身而出，用自己的研究成果、逻辑分析、空间直觉来帮助同胞转危为安。"思考一下这句话，然后想一想自己的文明当中是否存在类似的时刻。

3. 如果你现在正在教授数学课程，你该如何让学生在学习过程中感受到数学的魅力？

- 意义 -

1. "数学概念就是一种隐喻。"举例说明你曾在不同情境下多次遇到过的某个数学概念，分析一下你对它的认知为何会随着相遇次数的增加而变得越来越深刻。

2. 为什么抽象思维可以让一个概念的含义变得更为丰富？请根据个人经历举例说明。

3. "数学是一种理解的艺术，也是一种发现规律的艺术。"想想数学曾在哪些重大科学突破中扮演了重要角色，结合实际情况理解这句话。

- 游戏 -

1. 挑一个你经常参加的游戏活动，思考一下你为何喜欢这项活动，把所有原因都列举出来，然后看看那些和数学相关的事情是否也能给你带来类似的体验。

2. 遇到难题时，有些人百折不挠，满怀希望，苦思冥想，持之以恒，直到水落石出；有些人则浅尝辄止，甚至望而却步。数学为何可以锻炼人的毅力，帮助人们建立希望？体育运动的过程和学习数学的过程有何异同？

3. 想要玩好数学游戏，你需要"时不时地换个角度，全方位地看待问题"。这种思考方式给你的生活带来了哪些好处？

- 美 -

1. 数学中存在很多种美，说说你自己经历过哪些感官之美、惊奇之美、感悟之美、超越之美？你当时是怎样一种感受？

2. 想想你自己学过的那些东西，比如你在学校学过的那些学科与课程，其中有哪些暗含了人类对美的渴求？

3. 世界上有哪些地方蕴含着数学之美？

- 永恒 -

1. 在日常生活中，你经常使用或遇到哪些数学定律、数学原理、数学思想？

2. 数学为何能够成为人们的心灵港湾？哪些人可以从中得到慰藉？

3. 宇宙当中有许多事物都会随着时间而变化（别忘了，微积分这门学科就是为了研究这类变化而发展起来的），然而数学定理却不会随着时间而改变，你有没有觉得这是一件极其不可思议的事情？

- 真理 -

1. 回想一个因掌握知识不到位而越学越困惑的例子（任何学科都可以）。当时你是什么感觉？为什么深入学习、深刻理解可以化解这一尴尬处境？

2. 有时对待同一问题双方会持有不同的见解，而且各有各的道理，但事实上每个人看到的都只是真相的一部分。为什么了解事情的全貌是一个更好的选择？同理，在数学方面，看清问题全貌的那一瞬间你是什么感受？

3. 为什么数学思维可以让你更好地与那些持有不同观点的人交流、沟通，并尊重对方的意见？

－ 奋斗 －

1. 说出一项你喜欢的活动，列出这项活动能够带来的所有内在收益和外在收益。然后再说出一项你不喜欢的活动，同样列出它的各种内在收益和外在收益。对比这两份列表，你发现什么了吗？

2. 数学能带来哪些内在收益？想一想这些内在收益为何可以在分享的过程中得到增长。

3. 如果你正在教学生数学，你该如何激励他们，让他们重视奋斗过程，而不是只盯着最终结果？

－ 力量 －

1. 列举一个你最近遇到的数学难题。在解题的过程中，你运用了哪些数学力量（理解、下定义、量化、抽象、可视化、想象、创造、决策、建模、多重表达、总结概括、洞悉结构等力量）？

2. 说说你在学习数学的过程中见证过哪些创造力，遇到过哪些强制力。

3. 如果你正在教学生数学，你该如何激发学生的创造力，让他们在学习数学的过程中感受到人作为一种创造性生物而应当享有的基本尊严？

- 公正 -

1. 如果说大家已经意识到我们需要改变数学的教学方式，那教育环境为什么至今仍然是这副模样？哪些人会极力阻止教育改革，并从中获益？

2. 既然所有人都会有无意识偏见，那么我们如何才能在数学领域中减少这种现象？哪些人会在数学方面遭受别人的歧视？背后的原因是什么？

3. 你在身边的数学环境中看到过哪些不公现象？哪些人因这些现象饱受折磨？那些显而易见的答案就不用提了，尽量往更深的层面思考。

- 自由 -

1. 说说你在哪些情况下遇到过以下这些自由：知识的自由，探索的自由，理解的自由，想象的自由。

2. 你觉得哪些人会在迈入数学大门的过程中遇到困难与阻拦？你可以通过哪些方式去感染他人，传播善意，让更多的人感受到"被他人接纳的自由"？列出一些切实可行的办法。

3. 在数学课上，哪些事情会让你产生自由之感？哪些事情会让你感到束手束脚、处处受限？

- 集体 -

1. 为什么说"热情好客"、擅长教学、擅长引导是数学事业的核心内容？

2. 如何在课堂上或家庭里建立起一个数学团体，令成员们在彼此督促、互相进步的同时，不会过于看重成绩？

3. 若是有人（或者你自己）产生了"我不属于数学团体"的感受，你可以采取哪些行动消除这种负面情绪？

- 爱 -

1. 有些人会错误地把数学当作"炫耀才华的手段，而不是培养美德的沃土"。这种行为具体表现在哪些方面？

2. 为了让每个人都能感受到自己作为一个数学思想者的尊严，你该如何对待他人？

3. 从数学的角度来说，你身旁有哪些人属于被遗忘的群体？你会把自己的爱分享给哪些人？哪些人需要你抛下成见、重新认知？

附录3 解题思路与参考答案

 建议你在查阅下面的提示或答案之前，先花些时间自己思考一下。多看看那些示例，寻找一下解题的灵感。慢慢来，不必着急，花多长时间都可以，毕竟努力思索的过程也是一段相当宝贵的经验。

解题思路

 分割蛋糕：多构想一些特殊情况。假如被切走的那块蛋糕分量极小，你该如何切分剩下的蛋糕?

 切换电灯开关：先自己试几次，把注意力集中在某几个灯泡之上，看看哪些操作会影响它们的开关状态。

 "整除"数独：注意，每个3×3的小九宫格中都用"⊂"标好了整除关系，你可以据此推测出大部分数字1的位置。然后寻找那些被"⊂"连成一串的格子。比如你找到了三个格子A ⊂ B ⊂ C，而且你很确定这三个格子中没有数字1，那么A、B、C三个数字只能是2 ⊂ 4 ⊂ 8。另外还要留心那些可以同时被好几个相邻方格整除，或者同时整除好几个相邻方格的特殊格子。需要注意的是，5和7这两个数字比较特别，它们无法整除1~9中的任何一个数字（除了它们自己），也无法被 2~9 中的任何一个数字整除（除了它们自己）。

红黑纸牌戏法：假如第二份牌组里的黑牌全被换成了第一份牌组里的红牌，那第二份牌组的数量会发生变化吗？

水与酒：这个迷题和红黑纸牌戏法有很多相似之处，你发现了吗？

循环游戏：一边探索一边总结规律。需要注意的是，如果某个细胞三角形中刚好只有一条边上存在箭头，然后你在另一条边上画了一个与它方向相同的箭头（为了完成一个循环），那你就已经输了，因为你的对手可以在接下来的一步完成循环，终结游戏。

几何趣题：仔细观察两个矩形的重合区域，发现什么特点没有？你能不能巧妙地把这个区域分成几份，好让每一份的面积都可以较为轻松地计算出来？

原木上的蚂蚁：假设蚂蚁的数量不是 100 只，而是 2 只，然后分析一下蚂蚁在碰撞前后的不同与相同之处。你发现什么没有？

棋盘难题：每块多米诺骨牌都会同时覆盖一个黑格子和一个白格子。既然如此，是不是我们在棋盘上随意去掉一个黑格子和一个白格子，剩下的棋盘都能够被骨牌"平铺"？坐落于某个白格子之上的马，下一步可以落到哪里？一枚俄罗斯方块会覆盖哪些颜色的格子？你该如何给每个 $1 \times 1 \times 3$ 的小立方体涂色，才能让 $8 \times 8 \times 8$ 的大立方体上的每一种颜色覆盖相同数量的格子？

松本龟太郎滑块游戏：你可以用纸板或纸片亲手做一个仿制品。想一想，你该如何移动滑块，才能让最大的方形滑块越过水平放置的长条滑块的阻拦？

鞋带计时谜题：第一个问题的答案要小于 7.5 分钟，第二个问题的答案有些不可思议。

维克里拍卖：想办法证明，某位买家按照心理预期价格出价所产生的结果，永远不会差于其他任何出价所产生的结果。

五格骨牌数独：首先找到那些同时包含两个 2 或两个 4 的行或列，你发现什么规律了吗（你可以仔细观察一下左下角的那个五格骨牌）？算清相邻两行或两列中某些特定数字的个数，可以让问题变得更容易。

权力指数：三个派系共存在 6 种出场顺序：ABC，ACB，BAC，BCA，CAB，CBA。其中哪几种顺序可以让派系 C 成为关键派系？

多项式的次数：所需次数其实很少，正确答案或许比你想的简单得多。"系数大于 0"是一个很关键的前提。你能想办法确定最大系数的范围吗？

球面上的 5 个点：别忘了，你的目标是证明无论选取球面上的哪 5 个点，都必然存在某个半球可以同时包含其中的 4 个。你可以先构想一下"最差的情况"，然后证明即便在这种情况下该结论依旧成立。不过，这还不足以证明每种情况下该结论都能成立。另外请思考一下，是否存在一种较为简单的办法来证明任意两个点都存在于同一个半球之上？

参考答案

分割蛋糕：首先确定未切分之前的大长方形蛋糕的中点，然后确定被切掉的小长方形蛋糕所留下来的空洞部分的中点，沿着两点所连成的直线切下去就可以平分剩下的蛋糕，因为每部分的大小都等于原蛋糕的一半减去空洞的一半。

切换电灯开关：完成所有操作之后，只有编号为 1，4，9，16，25，36，49，64，81，100 的灯，也就是编号为平方数的那些灯是亮着的。以编号为 N 的灯泡为例，在第 x 轮操作时，只有在 x 是 N 的因数的情况下，灯泡 N 的状态才会发生变化（因数指的是可以整除 N 的数）。大多数因数都是成对出现的：假如 J 是 N 的因数，那么 $\dfrac{N}{J}$ 也会是 N 的因数。只有在 $J = \dfrac{N}{J}$ 的时候，因数的数量才会是奇数，这意味着 $N=J^2$。换句话说，N 是平方数。

"整除"数独：见下图。

红黑纸牌戏法：具体原理如下。首先，设牌组数量的一半为 H，第一份牌组里红牌数量为 R，第二份牌组里红牌数量为 S，第一份牌组里黑牌数量为 A，第二份牌组里黑牌数量为 B。显然，$R+S=H$（因为红牌总数为 H），$S+B=H$（因为第二份牌组的总量为 H），进而可以得到 $R=B=H-S$。我们也可以这样想：如果把第一份牌组里的 R 张红牌放到第二份牌组里，再把第二份牌组里的 B 张黑牌放到第一份牌组里，那么所有的红牌都被放到了第二份牌组。在此操作前后，第二份牌组的数量都是 H，所以 $R=B$。

水与酒：设水的总体积为 H。操作完毕之后，设酒杯中的水量为 R，水杯中的酒量为 B。将 R 与 B 交换一下，总体积 H 不会发生任何变化，所以 $R=B$。

循环游戏：后手玩家拥有必胜的策略。在先手玩家用箭头标记了一条边之后，图中将只剩下一条边，和被标记的这条边完全不存在任何接触，后手玩家在剩下的这条边上画个箭头即可（方向随意）。之后，后手玩家只要确保自己不会帮助先手玩家画出某个完整循环的第二笔，就可以确保最终的胜利。这个游戏还有很多好玩的拓展问题，比如，对于其他种类的起始图案，哪个玩家拥有必胜策略？是否存在这样一种起始图案，可以在每条边都画上了箭头的情况下，仍旧不存在任何完整的循环？

几何趣题：我们将每两个大矩形重叠在一起形成的那三个小矩形称为矩形 $Q1$、$Q2$、$Q3$，将三个大矩形的长边叠加在一起所形成的交汇点称为 P，将每两个大矩形的短边叠加在一起所形成的交汇点称为 $M1$、$M2$、$M3$。分别沿着 $PM1$、$PM2$、$PM3$ 的连线将三个小矩形平分成两份（左右对称），你会发现每一小份三角形都刚好是大矩形的一个角，面积为大矩形的 1/8，也就是 4/8=0.5。由此可见，每块重叠区域的面积为 1，三块重叠区域的总面积为 3，图中三个大矩形重叠之后形成的图案的总面积为 $3 \times 4-3=9$。

原木上的蚂蚁：虽然看上去每只蚂蚁都会撞来撞去，踪迹难寻，可实际上只要注意到关键一点，问题就会变得极为简单：两只蚂蚁相遇后各自掉头，等同于两只蚂蚁凭空穿过了彼此。因此，无论蚂蚁数量有多少，实际情况都差不多。我们不妨认为每只蚂蚁都是独立运动的，和其他蚂蚁无关。这样一来，需要等待的最长时间就是一只蚂蚁走完整根原木所需要的时间，即 1 分钟。

棋盘难题：第 6 章中我们已经证明，如果从棋盘上去掉两个颜色相同的方块，那么剩余部分无法被骨牌平铺。如果去掉的两个方块颜色不同，那么剩余部分可以被骨牌平铺——我们可以一块挨一块地在棋盘上串连出一条路径，把64个方块连在一起，然后在这条路径上去掉一黑一白两个方块，将路径断为两截，同时保证每一截路径的方块都是偶数个，此时剩下的两截路径都可以被骨牌平铺。

至于7×7棋盘上的马，我们需要注意，马每移动一次都会跳到另一个颜色的方块上，因此只有在棋盘的黑白格子数量相等的情况下，才能让每个马同时踏出符合国际象棋规则的一步。然而7×7的棋盘有奇数个格子，无法让黑白格子数量相等。

对于俄罗斯方块的问题，我们可以发现，7种俄罗斯方块图案刚好可以和7个英文字母O、I、L、J、T、S、Z的形状对应起来。每个形状都刚好同时覆盖两个黑格子两个白格子，只有T形状除外，所以7种俄罗斯方块无法覆盖4×7大小的棋盘。

对于去掉了对角线上两个方块的8×8×8立方体，我们可以用坐标系给每个小方块标出位置，然后从（1，1，1）开始到（8，8，8）结束，依次给小方块涂色。涂色规则为，将小方块坐标（i，j，k）中的三个数字i、j、k相加，然后除以3，余1就涂第1种颜色，余2就涂第2种颜色，余0就涂第3种颜色。1×1×3的长方体刚好同时对应3种颜色，因此，大立方体的剩余部分必须保证3种颜色的格子数量一样，才能用1×1×3的长方体填充。可事实上每种颜色的格子数量并不相等。

松本龟太郎滑块游戏：在游戏刚开始的时候我们给10个滑块编号，其中年轻女子为2号；4个长条状滑块分别为1、3、4、6号（按照从左到右、从上到下的顺序）；水平放置的长条滑块为5号；4个小方块分别为7、8、9、10号（按照从左到右、从上到下的顺序）。然后我们可以按照以下顺序操作，帮助年轻女子逃出生天：6，10，8，

5，6，10（走一半），8，6，5，7（上，左），9，6，10（左，下），5，9，7，4，6，10，8，5，7（下，右），6，4，1，2，3，9，7，6，3，2，1，4，8，10（右，上），5，3，6，8，2，9，7（上，左），8，6，3，10（右，下），2，9（下，右），1，4，2，9，7（走一半），8，6，3，10，9（下），2，4，1，8，7，6，3，2，7，8，1，4，7（左，上），5，9，10，2，8，7，5，10（上，左），2。

鞋带计时谜题：我们可以通过烧鞋带的方式测量 3.75 分钟。首先，我们将原始鞋带的最左端与最右端分别设为 A 和 B。由于鞋带具有对称性，从中间切开之后的两截必然一模一样，都能燃烧 30 分钟，不过我们无法保证这两截鞋带也具有对称性。之后我们并排放置两截鞋带，使 A 与 B 在同一方向，从中挑一截鞋带，同时点燃它的两侧。15 分钟之后两团火焰会相遇，记下相遇位置，然后沿着相遇位置把剩下的那截鞋带切成两段。需要注意的是，除了燃烧时间都是 15 分钟以外，这两段鞋带可能不存在其他任何相似之处。随后我们同时点燃第一段鞋带的两端，以及第二段鞋带的任意一端。7.5 分钟后，第一段鞋带上的两团火焰会相遇，此时立即扑灭第二段鞋带上的火焰。可以确定的是，最后剩下的这部分鞋带可以燃烧 7.5 分钟，我们同时点燃它的两端，当两团火焰相遇时，我们就测出了 3.75 分钟。

对于第二个问题，我们其实可以测出任意小的时间间隔！例如，对于数字 2 的任意次幂，我们都可以用 60 分钟除以它，然后测出这个时间间隔。具体方法为，沿着两根鞋带（两根鞋带完全一样，且具有对称性）的中点，将它们切成四截一模一样但是失去了对称性的鞋带，拿出三截，备用一截。

接下来我们将设计一套可以一直操作下去的标准程序，把三截燃烧时间为 T 的鞋带（其中有两根一模一样）变成三截更短的、燃烧

时间均为 $T/2$ 的鞋带（其中仍然有两根一模一样）。首先我们给最初的这三截鞋带起名为 1 号鞋带、2 号鞋带、3 号鞋带，每截鞋带的燃烧时间都是 T，而且 1 号鞋带与 2 号鞋带一模一样，满足了我们这套程序的前提条件。接下来我们把 1 号、2 号鞋带像前文那样并排放置，同时点燃 3 号鞋带的两端以及 2 号鞋带的任意一端。当 3 号鞋带上的两团火焰相遇时，立即扑灭 2 号鞋带上的火焰，然后沿着扑灭的位置将 1 号鞋带切成两段。注意，1 号鞋带剩下的某一段，必然和扑灭后的 2 号鞋带一模一样，而且这三段鞋带的燃烧时间都是 $T/2$。如此我们便完成了这套标准程序。

该程序可以无限操作下去。换句话说，我们可以测出任意小的时间间隔 $T/2^k$，其中 k 为正整数。

维克里拍卖：这种拍卖方式可以让人们如实出价的原因如下。首先，我们假设买家对该汽车的估价等于他的实际出价，也就是 V；设 M 为其他买家的最高出价（数值未知）。无论 M 等于多少，我们都可以证明其他任意一个出价 B 都不如出价 V。假如 V 和 B 都小于 M，那么这位买家无论如何都会失去汽车的购买权。假如 V 和 B 都大于 M，那么这位买家一定能拿到汽车的购买权，而且成交价格一定是 M。由此可见，如果出价 B 和出价 V 的结果有什么不同的话，那一定是在 M 介于 B 与 V 之间的情况下。

若 $B > M > V$，则出价 B 会给买家带来一些损失，因为虽然他拿到了汽车的购买权，但支付价格超过了他的估价，会赔掉一部分钱。假如他的出价是 V，那么虽然他没拿到汽车购买权，但净资产不会有任何亏损。

若 $B < M < V$，则出价 B 仍然会给买家带来一些损失，因为他拿不到购买权，导致净资产无法增加。假如他的出价是 V，那么他就可

以拿到购买权，而且出价比估价低，净资产得到了一定增长。

五格骨牌数独：答案如图所示。

权力指数：3个派系共有6种出场顺序：ABC，ACB，BAC，BCA，CAB，CBA。如果派系 A 有 48 个人，派系 B 有 49 个人，派系 C 有 3 个人，那么无论在哪种出场顺序中，第二个出场的都是关键派系，所以各派系的夏普里-舒比克权力指数都是 1/3。

多项式的次数：只需问两次即可确定该多项式。首先令 $x=1$，我们可以得到全部系数的总和。由于系数非负，这个总和将大于任何一个单独的系数。假如这个总和的位数为 k，那我们再求出 $x=10^{(k+1)}$ 时多项式的值就可以了。对于第二次求出的数值，我们从个位数开始往前数，每 $k+1$ 位数就能确定一个系数。举个例子，比如说 $x=1$ 时求出的系数总和为 1044，那么该多项式中最大的系数一定不会超过 4 位。然后我们再求出 $x=10^{(4+1=5)}$ 时多项式的值，得到了 12003450067800009 这样一个数字，我们就可以从右往左看，每隔 5 位数就能确定一个系数，最终答案为 $12x^3 + 345x^2 + 678x + 9$。

球面上的 5 个点：我们在这 5 个点中随意选择两个点，然后根据它们确定一个大圆（大圆指的是球面上任意一个圆心与球心相重合的圆），该大圆可以将球面平分为 A 和 B 两个半圆，此时被选中的这两个点既存在于 A 的边界上，又存在于 B 的边界上，所以此时 A 和 B 都有两个点。之后剩下的三个点要么一边一个，另一边两个；要么一边没有，另一边三个。无论哪种情况，我们都能保证 A 和 B 中有一个半圆的点数大于等于 4。

注释

1　繁荣

引言　Simone Weil, *Gravity and Grace*, trans. A. Wills (New York: G. P. Putnam's Sons, 1952), 188.

1　上述内容出自西蒙娜写给神父佩林的一封信，该信件收录于以下这部作品集中：*Waiting for God*, Emma Craufurd 译 (London: Routledge & K. Paul, 1951), 第 64 页。

2　在西蒙娜的思想体系中，数学和宗教一直都是两个密不可分的概念，对此斯科特·泰勒曾在"Mathematics and the Love of God: An Introduction to the Thought of Simone Weil"一文中做过非常详尽的研究总结，参见：https://personal.colby.edu/~sataylor/SimoneWeil.pdf。

3　Maurice Mashaal, *Bourbaki: A Secret Society of Mathematicians* (Providence: American Mathematical Society, 2006), 109–13.

4　西尔维亚·韦伊是安德烈·韦伊的女儿，她曾在自己的回忆录中探讨过西蒙娜·韦伊和安德烈·韦伊二人之间的关系，参见：*At Home with André and Simone Weil*, Benjamin Ivry 译 (Evanston, IL: Northwestern University Press, 2010)。

5　整个 2018 年，全球市值排名前四的公司都是科技公司：苹果、Alphabet

（谷歌的母公司）、微软、亚马逊。另外还有三家科技公司的市值排进了前十名，它们分别是腾讯、阿里巴巴、脸书。

6 Michael Barany, "Mathematicians Are Overselling the Idea That 'Math Is Everywhere'," *Guest Blog, Scientific American*, August 16, 2016, https://blogs. scientificamerican.com/guest-blog/mathematicians-are-overselling-the-idea-that-math-is-everywhere/.

7 Andrew Hacker, "Is Algebra Necessary?," editorial, *New York Times*, July 28, 2012, https://www.nytimes.com/2012/07/29/opinion/sunday/is-algebra-necessary. html; E. O. Wilson, "Great Scientist≠Good at Math," editorial, *Wall Street Journal*, April 5, 2013, https://www.wsj.com/articles/SB10001424127887323611604578398943650327184. 上面这两份资料都是很好的例子，里面列举了大家对数学的种种误解，试图帮助大家弄清数学的真谛。

8 近几年的案例不少，比如下面这两个:*A Common Vision for Undergraduate Mathematical Sciences Programs in 2025* (2015), 由美国数学协会出版，也可参见: https://www.maa.org/sites/default/files/pdf/CommonVisionFinal.pdf; 以及 *Catalyzing Change in High School Mathematics: Initiating Critical Conversations* (2018), 美国数学教师委员会编著，也可参见: https://www.nctm.org/catalyzing/ （需付费）。

9 Christopher J. Phillips, *The New Math: A Political History* (Chicago: University of Chicago Press, 2015).

10 Robert P. Moses and Charles E. Cobb Jr., *Radical Equations: Civil Rights from Mississippi to the Algebra Project* (Boston: Beacon, 2002), ch. 1.

11 凯茜·奥尼尔对这种情况做出了发人深省的分析与评估，参见:*Weapons of Math Destruction: How Big Data Increases Inequality and Threatens Democracy* (New York: Crown, 2016)。

12 Erin A. Maloney, Gerardo Ramirez, Elizabeth A. Gunderson, Susan C. Levine, and Sian L. Beilock, "Intergenerational Effects of Parents' Math Anxiety on Children's Math Achievement and Anxiety," *Psychological Science* 26, no. 9 (2015): 1480–88.

13 "定义," D. S. 哈钦森译, 见《柏拉图全集》, 约翰·M. 库珀编辑 (Indianapolis: Hackett, 1997), 第 1680 页。

14 这方面有几个值得关注的例子。比如, 乌比拉坦·德安布罗西奥在他的作品中强调了数学和社会、文化相关的一面, 参见: "Socio-cultural Bases for Mathematical Education," 见 *Proceedings of the Fifth International Congress on Mathematical Education*, Marjorie Carss 编 (Boston: Birkhäuser, 1986), 第 1–6 页; 又如鲁宾·赫什, 他详尽地为大家展现了数学与人文哲学之间的紧密关系, 参见: *What Is Mathematics, Really?* (Oxford: Oxford University Press, 1997); 再如罗谢尔·古蒂, 他在自己的作品中向大家说明了当今的社会结构、政策、习俗是如何将人性从数学教育中剥离出去的, 以及为什么来自有色人种家庭的学生受这种残酷现实的影响最大, 参见: "The Need to Rehumanize Mathematics," 见 *Rehumanizing Mathematics for Black, Indigenous, and Latinx Students: Annual Perspectives in Mathematics Education*, Imani Goffney and Gutiérrez 编 (Reston, VA: National Council of Teachers of Mathematics, 2018), 1–10。

15 Joshua Wilkerson, "Cultivating Mathematical Affections: Developing a Productive Disposition through Engagement in Service-Learning" (PhD thesis, Texas State University, 2017), 1, https://digital.library.txstate.edu/handle/10877/6611.

2 探索

引言 1 Maryam Mirzakhani, quoted in Bjorn Carey, "Stanford's Maryam Mirzakhani

Wins Fields Medal," *Stanford News*, August 12, 2014, https://news. stanford.edu/news/2014/august/fields-medal-mirzakhani-081214.html.

引言 2　Eugenia Cheng, *How to Bake Pi* (New York: Basic Books, 2015), 2.

1　John Joseph Fahie, *Galileo: His Life and Work* (New York: James Pott, 1903), 114.

2　参见: Blaine Friedlander, "To Keep Saturn's A Ring Contained, Its Moons Stand United," *CornellChronicle*, October 16, 2017, http://news.cornell.edu/stories/2017/ 10/keep-saturns-ring-contained-its-moons-stand-united; "Giant Planets in the Solar System and Beyond: Resonances and Rings" (Cornell Astronomy Summer REU Program, 2012), http://hosting.astro.cornell.edu/specialprograms/reu2012/ workshops/rings/。

3　保罗·洛克哈特举了一个更加生动形象的例子, 参见: "A Mathematician's Lament" (2002); 也可在博客 *Devlin's Angle* 上找到: Keith Devlin, "Lockhart's Lament," March 2008, https://www.maa.org/external_archive/devlin/ devlin_03_08.html。

4　MIND 研究所为 Achi 游戏和来自非洲的其他游戏制作出了相应的实体玩具, 参见 MIND 研究所的撒哈拉以南非洲游戏盒, 也可见: https://www. mindresearch.org/mathminds-games。

5　Claudia Zaslavsky, *Math Games & Activities from Around the World* (Chicago: Chicago Review Press, 1998).

6　Fawn Nguyen, "These Twenty Things," *Finding Ways* (blog), December 19, 2016, http://fawnnguyen.com/these-twenty-things/.

7　参见: Kevin Hartnett, "Mathematicians Seal Back Door to Breaking RSA Encryption," *Abstractions Blog*, *Quanta Magazine*, December 17, 2018, https://www.quantamagazine. org/mathematicians-seal-back-door-to-breaking-rsa-encryption-20181217/; Rama Mishra and Shantha Bhushan, "Knot Theory in Understanding Proteins," *Journal* of *Mathematical Biology* 65, nos. 6-7 (December 2012): 1187-213, available at https://link.springer.com/article/10.1007/s00285-011-0488-3; Chris Budd and Cathryn Mitchell, "Saving Lives: The Mathematics of Tomography," *Plus Magazine*, June 1, 2008, https://plus.maths.org/content/saving-lives-mathematics-tomography。

8   "*Art of Problem Solving*" 网站上有很多相当不错的数学资源，网址: https://artofproblemsolving.com/。

9   Ben Orlin, *Math with Bad Drawings* (New York: Black Dog & Leventhal, 2018), 10-12.

10 迪士尼出品的电影《海洋奇缘》(*Moana*，2016) 中曾出现过一种极具特色的导航技巧。"欢乐之星"（Star of gladness）其实指的就是大角星（star Arcturus）。

11 Richard Schiffman, "Fantastic Voyage: Polynesian Seafaring Canoe Completes Its Globe-Circling Journey," Scientific American, June 13, 2017, https://www.scientificamerican.com/article/fantastic-voyage-polynesian-seafaring-canoe-completes-its-globe-circling-journey/.

12 琳达在她与谢里尔·厄恩斯特（Cheryl Ernst）的某次采访中更新了自己的这段发言，具体参见 "Ethnomathematics Makes Difficult Subject Relevant," *Mālamalama*, July 15, 2010, http://www.hawaii.edu/malamalama/2010/07/ethnomathematics/。

3   意义

引言 1   *Sónya Kovalévsky: Her Recollections of Childhood*, trans. Isabel F. Hapgood (New York: Century, 1895), 316.

引言 2   Jorge Luis Borges, *This Craft of Verse* (Cambridge, MA: Harvard University

Press, 2002), 22.

1　2011 年 5 月，美国总统奥巴马乘坐的车在驶出美国驻都柏林大使馆时，车身卡在了使馆出口处的斜坡上，当时的情况和我遭遇的情况有些类似，令人忍俊不禁，相关视频可以在网上搜到。

2　Henri Poincaré, *Science and Hypothesis*, trans. William John Greenstreet (New York: Walter Scott, 1905), 141.

3　Jo Boaler, "Memorizers Are the Lowest Achievers and Other Common Core Math Surprises," editorial, *HechingerReport*, May 7, 2015, https://hechingerreport.org/memorizers-are-the-lowest-achievers-and-other-common-core-math-surprises/.

4　Robert P. Moses and Charles E. Cobb Jr., *Radical Equations: Civil Rights from Mississippi to the Algebra Project* (Boston: Beacon, 2002), 119–22.

5　Cassius Jackson Keyser, *Mathematics as a Culture Clue, and Other Essays* (New York: Scripta Mathematica, YeshivaUniversity, 1947), 218.

6　William Byers, *How Mathematicians Think: Using Ambiguity, Contradiction, and Paradox to Create Mathematics* (Princeton: Princeton University Press, 2007).

7　这一定义受数学家基思·德夫林（Keith Devlin）的影响而传播开来，不过最早提出这一观点的人应该是林恩·斯蒂恩（Lynn Steen）。前者参见 *Mathematics: The Science of Patterns* (New York: Scientific American Library, 1997)，后者参见 "The Science of Patterns," *Science* 240, no. 4852 (April 29, 1988): 611–16。

4　游戏

引言1　Martin Buber, *Pointing the Way: Collected Essays*, ed. and trans. Maurice S. Friedman (New York: Harper & Row, 1963), 21.

引言 2　在为索菲·热尔曼写的悼词中，古列尔摩·利布里-卡尔杜齐爵士表示，这句话应当是索菲·热尔曼所言。参见：Ioan James, *Remarkable Mathematicians: From Euler to Von Neumann* (New York: Cambridge University Press, 2002)，第 58 页。

1　Johan Huizinga, *Homo Ludens: A Study in the Play-Element of Culture,* translated from the German [translator unknown] (London: Routledge & Kegan Paul, 1949).

2　G. K. Chesterton, *All Things Considered* (London: Methuen, 1908), 96.

3　Huizinga, *Homo Ludens*, 8.

4　Paul Lockhart, "A Mathematician's Lament" (2002), 4, available at *Devlin's Angle*: Keith Devlin, "Lockhart's Lament," March 2008, https://www.maa.org/external_archive/devlin/devlin_03_08.html.

5　想要了解更多和这种循环相关的内容，可以参考下述资料：*GAIMME: Guidelines for Assessment and Instruction in Mathematical Modeling Education*，第二版 Sol Garfunkel and Michelle Montgomery 编，Consortium for Mathematics and Its Applications and the Society for Industrial and Applied Mathematics (Philadelphia, 2019); 也可参见：https://www.siam.org/Publications/Reports/Detail/guidelines-for-assessment-and-instruction-in-mathematical-modeling-education。

6　Blaise Pascal, *Pensées*, trans. W. F. Trotter (New York: E. P. Dutton, 1958), 4, no. 10.

7　首先，两个乘数的乘积的最后两位数字，只和这两个乘数的最后两位数字有关（想想乘法的规则和步骤你就明白了）。因此，我们只需计算尾数的平方，就可以判断它是不是恒驻尾数。比如我们现在想知道 21 是不是恒驻尾数，那我们就求一下 21 的平方值，看看平方值的尾数是不是 21，结果发现不是，从而判断出 21 不是恒驻尾数。其次，你没必要把 100 个两位尾数全都检查一遍，因为两位的恒驻尾数最末端的数字，必然属于一位恒驻尾数，而一位恒驻尾数只有 0，1，5，6，四个数字。因此，你只需要检查尾数是 0，1，5，6 的两位数，就可以确定全部两位数中有哪些属于恒驻尾数。

8　结论有些令人难以置信——在全部 10^{15} 个 15 位尾数中，只有 4 个数字属于恒驻尾数，它们分别是 "……000000000000000" "……000000000000001" "……259918212890625" "……740081787109376"。你发现什么规律了吗？你是不是有思路了？

9　在大多数数学文献中，恒驻尾数被称为自守数（automorphic number），或是同构数。此外，当进制底数为素数时，这些数字会涉及 p- 进数（p-adic number）的概念。

10　Simone Weil, *Waiting for God*, trans. Emma Craufurd (London: Routledge & K. Paul, 1951), 106.

11　G. H. Hardy, *A Mathematician's Apology* (Cambridge: Cambridge University Press, 1940).

12　新加坡总理的言论请参见：Sarah Polus, "Full Transcript: Prime Minister Lee Hsien Loong's Toast at the Singapore State Dinner," *Washington Post*, August 2, 2016, https://www.washingtonpost.com/news/reliable-source/wp/2016/08/02/full-transcript-prime-minister-lee-hsien-loongs-toast-at-the-singapore-state-dinner/。

13　"Republic," trans. Paul Shorey, in *The Collected Dialogues of Plato*, ed. Edith Hamilton and Huntington Cairns (Princeton: Princeton University Press, 1961), 768 (7.536e).

5　美

引言 1　"Autobiography of Olga Taussky-Todd," ed. Mary Terrall (Pasadena,

California, 1980), Oral History Project, California Institute of Technology Archives, 6; available at http://resolver.caltech.edu/CaltechOH:OH_Todd_O.

引言 2　Quoted in Donald J. Albers, "David Blackwell," in *Mathematical People: Profiles and Interviews*, ed. Albers and Gerald L. Alexanderson (Wellesley, MA: A. K. Peters, 2008), 21.

1　"Interview with Research Fellow Maryam Mirzakhani," *Clay Mathematics Institute Annual Report 2008*,https://www.claymath.org/library/annual_report/ ar2008/08Interview.pdf, 13.

2　Semir Zeki, John Paul Romaya, Dionigi M. T. Benincasa, and Michael F. Atiyah, "The Experience of Mathematical Beauty and Its Neural Correlates," *Frontiers in Human Neuroscience* 8 (2014): 68.

3　G. H. Hardy, *A Mathematician's Apology* (Cambridge: Cambridge University Press, 1940); Harold Osborne, "Mathematical Beauty and Physical Science," *British Journal of Aesthetics* 24, no. 4 (Autumn 1984): 291–300; William Byers, *How Mathematicians Think: Using Ambiguity, Contradiction, and Paradox to Create Mathematics* (Princeton: Princeton University Press, 2007).

4　Paul Erdös, quoted in Paul Hoffman, *The Man Who Loved Only Numbers: The Story of Paul Erdös and the Search for Mathematical Truth* (London: Fourth Estate, 1998), 44.

5　Martin Gardner, "The Remarkable Lore of the Prime Numbers," Mathematical Games, *Scientific American* 210 (March 1964): 120–28.

6　据传，埃尔德什曾俏皮地表示："哪怕你不相信上帝，你也应当相信那本'天书'"(Hoffman, *Man Who Loved Only Numbers*, 26)。此外，马丁·艾格纳与冈特·齐格勒合写了一本证明集，里面收录了大量定理以及相应的十分优雅的证明方式。为了向埃尔德什致敬，二人打趣地将此书命名为《来自"天书"的证明》(New York: Springer, 2010)。

7　Sydney Opera House Trust, "The Spherical Solution," https://www.sydneyoperahouse.com/our-story/sydney-opera-house-history/spherical-solution.html.

8　Jordan Ellenberg, *How Not to Be Wrong: The Power of Mathematical Thinking* (New York: Penguin, 2014), 436–37.

9　Albert Einstein, *Ideas and Opinions* (New York: Crown, 1954), 233.

10　Erica Klarreich, "Mathematicians Chase Moonshine's Shadow," *Quanta Magazine*, March 12, 2015, https://www.quantamagazine.org/mathematicians-chase-moonshine-string-theory-connections-20150312/.

11　Simon Singh, "Interview with Richard Borcherds," *The Guardian*, August 28, 1998, https://simonsingh.net/media/articles/maths-and-science/interview-with-richard-borcherds/.

12　C. S. Lewis, *The Weight of Glory* (New York: Macmillan, 1949), 7.

13　Barbara Oakley, "Make Your Daughter Practice Math. She'll Thank You Later," editorial, *New York Times*, August 7, 2018, https://www.nytimes.com/2018/08/07/opinion/stem-girls-math-practice.html.

6　永恒

引言1　Bernhard Riemann, "On the Psychology of Metaphysics: Being the Philosophical Fragments of Bernhard Riemann," trans. C. J. Keyser, *The Monist* 10, no. 2 (1900): 198.

引言2　Network of Minorities in Mathematical Sciences, "Tai-Danae Bradley: Graduate Student, CUNY Graduate Center," *Mathematically Gifted and Black*, http://mathematicallygiftedandblack.com/rising-stars/tai-danae-bradley/.

1 定律（law）有时也会被用来指代某些数学概念。数学定律通常指的是那些建立在实验依据之上、已经被定理成功证明了的数学规律（比如大数定律），或被认为是数学基础知识的公理（比如交换律、排中律）。

2 David Eugene Smith, "Religio Mathematici," *American Mathematical Monthly* 28, no. 10 (1921): 341.

3 Morris Kline, *Mathematics for the Nonmathematician* (New York: Dover, 1985), 9.

4 想要了解更多与德尔芬·海拉苏娜策划的"我慢艺术展"（*The Art of Gaman*）相关的信息，可以参阅以下资料：Susan Stamberg, "The Creative Art of Coping in Japanese Internment," NPR, May 12, 2010, https://www.npr.org/templates/story/story.php?storyId=126557553。

5 这个游戏有不止一种初始状态。对于松本龟太郎给出的初始状态，我在本书"解题思路与参考答案"部分给出了具体解法。另一种初始状态和前者稍有不同，它的解法有 81 个步骤，具体参见：Martin Gardner, "The Hypnotic Fascination of Sliding Block Puzzles," Mathematical Games, *Scientific American* 210 (February 1964): 122-30。

6 George Orwell, *1984* (Boston: Houghton Mifflin Harcourt, 1949), 76.

7 真理

引言 1　John 18:38 (Good News Translation).

引言 2　Blaise Pascal, *Pensées*, trans. W. F. Trotter (New York: E. P. Dutton, 1958), 259, no. 864.

1 Hannah Arendt, "Truth and Politics," *New Yorker*, February 25, 1967, reprinted in Arendt, *Between Past and Future* (New York: Penguin, 1968), 257.

2 Michael P. Lynch, *True to Life: Why Truth Matters* (Cambridge, MA: MIT Press, 2004).

3　Gian-Carlo Rota, "The Concept of Mathematical Truth," *Review of Metaphysics* 44, no. 3 (March 1991): 486.

4　Eugene Wigner, "The Unreasonable Effectiveness of Mathematics in the Natural Sciences," *Communications on Pure and Applied Mathematics* 13 (1960): 14.

5　Kenneth Burke, "Literature as Equipment for Living," collected in *The Philosophy of Literary Form: Studies in Symbolic Action* (Baton Rouge: Louisiana State University Press, 1941), 293–304.

6　Quoted in David Brewster, *The Life of Sir Isaac Newton* (New York: J. & J. Harper, 1832), 300–301.

8　奋斗

引言1　Simone Weil, *Waiting for God*, trans. Emma Craufurd (London: Routledge & K. Paul, 1951), 107.

引言2　Martha Graham, "An Athlete of God," in *This I Believe: The Personal Philosophies of Remarkable Men and Women*, ed. Jay Allison and Dan Gediman, with John Gregory and Viki Merrick (New York: Holt, 2006), 84.

1　Alasdair MacIntyre, *After Virtue: A Study in Moral Theory*, 3rd ed. (South Bend, IN: University of Notre Dame Press, 2007), 188.

2　同上。

3　Eric M. Anderman, "Students Cheat for Good Grades. Why Not Make the Classroom about Learning and Not Testing?," *The Conversation*, May 20, 2015, https://theconversation.com/students-cheat-for-good-grades-why-not-make-the-classroom-about-learning-and-not-testing-39556.

4　Carol Dweck, "The Secret to Raising Smart Kids," *Scientific American*, January 1, 2015, https://www.scientificamerican.com/article/the-secret-to-raising-smartkids1/.

5   对各位教师来说，下面这份资料相当实用，它不仅讲清了思维方式会如何影响到学生在数学方面的表现，也提出了很多能够改变学生思维模式的切实可行的建议。参见：Jo Boaler, *Mathematical Mindsets* (San Francisco: Jossey-Bass, 2016)。

6   "Interview with Maryam Mirzakhani," *Clay Math Institute Annual Report 2008*, https://www.claymath.org/library/annual_report/ar2008/08Interview.pdf.

7   David Richeson, "A Conversation with Timothy Gowers," *Math Horizons* 23, no. 1 (September 2015): 10–11.

8   Laurent Schwartz, *A Mathematician Grappling with His Century* (Basel: Birkhauser, 2001), 30.

9   力量

引言 1   Quoted in Stephen Winsten, *Days with Bernard Shaw* (New York: Vanguard, 1949), 291.

引言 2   Augustus de Morgan, quoted in Robert Perceval Graves, *The Life of Sir William Rowan Hamilton*, vol. 3 (Dublin: Dublin University Press, 1889), 219.

1   Isidor Wallimann, Howard Rosenbaum, Nicholas Tatsis, and George Zito, "Misreading Weber: The Concept of 'Macht,'" *Sociology* 14, no. 2 (May 1980): 261–75.

2   Andy Crouch, *Playing God: Redeeming the Gift of Power* (Downers Grove, IL: InterVarsity Press, 2014), 17.

3   感谢我的朋友卢·路德维格为我指明了这一点。

4   Dave Bayer and Persi Diaconis, "Trailing the Dovetail Shuffle to Its Lair,"

Annals of Applied Probability 2, no. 2 (May 1992): 294–313.

5 参见: Karen D. Rappaport, "S. Kovalevsky: A Mathematical Lesson," American Mathematical Monthly 88, no. 8 (October 1981): 564–74。

6 Erica N. Walker, Beyond Banneker: Black Mathematicians and the Paths to Excellence (Albany: SUNY Press, 2014).

7 Cathy O'Neil, Weapons of Math Destruction: How Big Data Increases Inequality and Threatens Democracy (New York: Crown, 2016).

8 Parker J. Palmer, The Courage to Teach: Exploring the Inner Landscape of a Teacher's Life, 10th anniversary ed. (San Francisco: Jossey-Bass, 2007), 7.

10 公正

引言 1 Simone Weil, Gravity and Grace, trans. A. Wills (New York: G. P. Putnam's Sons, 1952), 188.

1 Timothy Keller, Generous Justice: How God's Grace Makes Us Just (New York: Penguin, 2012).

2 https://implicit.harvard.edu/implicit/.

3 Victor Lavy and Edith Sands, "On the Origins of Gender Gaps in Human Capital: Short-and Long-Term Consequences of Teachers' Biases," Journal of Public Economics 167 (2018): 263–79.

4 Michela Carlana, "Implicit Stereotypes: Evidence from Teachers' Gender Bias," Quarterly Journal of Economics (forthcoming): https://doi.org/10.1093/qje/qjz008.

5 2004 年, 美国各个大学大约有三分之一的新生计划主修 STEM 科目。其中白人和亚裔学生成功完成学业的比例为 45%, 而其他种族的学生中这一比例只有 25%（完成学业指的是在 6 年内顺利毕业）。其他很多耐人寻味的数据请参见：Kevin Eagan, Sylvia Hurtado, Tanya Figueroa, and Bryce Hughes, "Examining STEM Pathways among Students Who Begin College at Four-Year Institutions," paper commissioned for the Committee on Barriers and Opportunities in Completing 2-Year and 4-Year STEM Degrees (Washington DC: National Academies Press, 2014), https://sites.nationalacademies.org/cs/groups/dbassesite/documents/webpage/dbasse_088834.pdf。

6   Jennifer Engle and Vincent Tinto, *Moving beyond Access: College Success for Low-Income, First-Generation Students* (Washington DC: Pell Institute, 2008), https://files.eric.ed.gov/fulltext/ED504448.pdf.

7   2015 年，在获得数学博士学位的美国公民当中，有 84% 的人是白人，有 72% 的人是男性。参见：William Yslas Vélez, Thomas H. Barr, and Colleen A. Rose, "Report on the 2014-2015 New Doctoral Recipients," *Notices of the AMS* 63, no. 7 (August 2016): 754-65。

8   "Finally, an Asian Guy Who's Good at Math (Part Two)," *Angry Asian Man* (blog), January 4, 2016, http://blog.angryasianman.com/2016/01/finally-asian-guy-whos-good-at-math.html.

9   Rochelle Gutiérrez, "Enabling the Practice of Mathematics Teachers in Context: Toward a New Equity Research Agenda," *Mathematical Thinking and Learning* 4, nos. 2-3 (2002): 147.

10   参见：National Council of Teachers of Mathematics, *Catalyzing Change in High School Mathematics: Initiating Critical Conversations* (Reston, VA: The National Council of Teachers of Mathematics, 2018); Jo Boaler, "Changing Students' Lives through the De-tracking of Urban Mathematics Classrooms," *Journal of Urban Mathematics Education* 4, no. 1 (July 2011): 7-14。

11   William F. Tate, "Race, Retrenchment, and the Reform of School Mathematics,"

Phi Delta Kappan 75, no. 6 (February 1994): 477–84.

11　自由

引言 1　Helen Keller, *The Story of My Life* (New York: Grosset & Dunlap, 1905), 39.

引言 2　Eleanor Roosevelt, *You Learn by Living* (New York: Harper & Row, 1960), 152.

1　如果想了解他的那些简便算法，请参见: Arthur Benjamin and Michael Shermer, *Secrets of Mental Math* (New York: Three Rivers, 2006)。

2　Georg Cantor, "Foundations of a General Theory of Manifolds: A Mathematico-Philosophical Investigation into the Theory of the Infinite," trans. William Ewald, in *From Kant to Hilbert: A Source Book in the Foundations of Mathematics*, ed. Ewald (New York: Oxford University Press, 1996), vol. 2, 896 (§8). Italics in the original.

3　Evelyn Lamb, "A Few of My Favorite Spaces: The Infinite Earring," *Roots of Unity* (blog), *Scientific American*, July 31, 2015, https://blogs.scientificamerican.com/roots-of-unity/a-few-of-my-favorite-spaces-the-infinite-earring/.

4　J. W. Alexander, "An Example of a Simply Connected Surface Bounding a Region Which Is Not Simply Connected," *Proceedings of the National Academy of Sciences of the United States of America* 10, no. 1 (January 1924): 8–10.

5　Robert Rosenthal and Lenore Jacobson, "Teachers' Expectancies: Determinants of Pupils' IQ Gains," *Psychological Reports* 19 (1966): 115–18. 需要注意的是，这份资料具有一定的争议性。下面这份资料不仅详细介绍了前者的具体内容，还提出了相关的批判意见以及后续研究情况: Katherine Ellison, "Being Honest about the Pygmalion Effect," *Discover Magazine*, October 29,

2015, http://discovermagazine.com/2015/dec/14-great-expectations。

6 bell hooks, *Teaching to Transgress: Education as the Practice of Freedom* (New York: Routledge, 1994), 3.

7 同上。

12　集体

引言 1　Bill Thurston, October 30, 2010, reply to "What's a Mathematician To Do?," *Math Overflow*, https://mathoverflow.net/questions/43690/whats-a-mathematician-to-do.

引言 2　Deanna Haunsperger, "The Inclusion Principle: The Importance of Community in Mathematics," MAA Retiring Presidential Address, Joint Mathematics Meeting, Baltimore, January 19, 2019; 视频链接: https://www.youtube.com/watch?v=jwAE3iHi4vM。

1　Parker Palmer, *To Know as We Are Known* (New York: Harper Collins, 1993), 9.

2　Gina Kolata, "Scientist at Work: Andrew Wiles; Math Whiz Who Battled 350-Year-Old Problem," *New York Times*, June 29, 1993, https://www.nytimes.com/1993/06/29/science/scientist-at-work-andrew-wiles-math-whiz-who-battled-350-year-old-problem.html. 事实上，最初的证明存在一些纰漏。几年后，在理查德·泰勒的帮助下，安德鲁·怀尔斯给出了最终的证明。

3　Dennis Overbye, "Elusive Proof, Elusive Prover: A New Mathematical Mystery," *New York Times*, August 15, 2006, https://www.nytimes.com/2006/08/15/science/15math.html.

4　参见: Thomas Lin, "After Prime Proof, an Unlikely Star Rises," *Quanta Magazine*, April 2, 2015, https://www.quantamagazine.org/yitang-zhang-and-the-mystery-of-numbers-20150402/。

5   Jerrold W. Grossman, "Patterns of Collaboration in Mathematical Research," *SIAM News* 35, no. 9 (November 2002): 8-9; also available at https://archive.siam.org/pdf/news/485.pdf.

6   我在这里列举一些大家可能会感兴趣的数学项目。很多"数学圈子"会定期组织孩子们围绕"容易入门、上限较高"的数学问题以及互动项目进行探索活动,以便激发他们的学习热情,这种圈子在美国有 200 多个,美国数学协会的网站 http://www.mathcircles.org/ 上也有不少类似的小组。为了帮助学习资源受限地区的学生进入专业科研领域,BEAM (Bridge to Enter Advanced Mathematics; https://www.beammath.org/) 提供了很多定期培训和寄宿课程。之前我曾在一个名为"MathPath"(http://www.mathpath.org/) 的数学夏令营中担任数学教师。每年夏天,这个夏令营都会把中学生组织到一起,一边教授数学,一边进行户外活动。当然,不只是中学,每个学习阶段都存在着很多类似的组织和项目。此外,The Park City Mathematics Institute (https://www.ias.edu/pcmi) 会为各位数学教师提供一个为期三周的暑期课程,好让大家有时间总结提高自己的教学能力和领导能力。

7   Talithia Williams, *Power in Numbers: The Rebel Women of Mathematics* (New York: Race Point, 2018); *101 Careers in Mathematics*, ed. Andrew Sterrett, 3rd ed. (Washington DC: Mathematical Association of America, 2014).

8   Simone Weil, letter to Father Perrin, collected in *Waiting for God*, trans. Emma Craufurd (London: Routledge & K. Paul, 1951), 64.

9   *MAA Instructional Practices Guide* (2017), including references, from the Mathematical Association of America, available at https://www.maa.org/programs-and-communities/curriculum%20resources/instructional-practices-guide.

10 Darryl Yong, "Active Learning 2.0: Making It Inclusive," *Adventures in Teaching*

(blog), August 30, 2017, https://profteacher.com/2017/08/30/active-learning-2-0-making-it-inclusive/.

11 想要知道如何才能够做到这一点，参见：Ilana Seidel Horn, *Motivated: Designing Math Classrooms Where Students Want to Join In* (Portsmouth, NH: Heinemann, 2017)。

12 Justin Wolfers, "When Teamwork Doesn't Work for Women," *New York Times*, January 8, 2016, https://www.nytimes.com/2016/01/10/upshot/when-teamwork-doesnt-work-for-women.html.

13 Association for Women in Science-Mathematical Association of America Joint Task Force on Prizes and Awards, "Guidelines for MAA Selection Committees: Avoiding Implicit Bias" (prepared August 2011, approved August 2012), Mathematical Association of America, https://www.maa.org/sites/default/files/pdf/ABOUTMAA/AvoidingImplicitBias_revisionMarch2018.pdf.

14 Karen Uhlenbeck, "Coming to Grips with Success," *Math Horizons* 3, no. 4 (April 1996): 17.

13　爱

引言 1　1 Corinthians 13:1 (Good News Translation).

引言 2　*The Papers of Martin Luther King, Jr.*, ed. Clayborne Carson, vol. 1, *Called to Serve: January 1929-June 1951*, ed. Ralph E. Lucker and Penny A. Russell (Berkeley: University of California Press, 1992), 124.

1　Hannah Fry, *The Mathematics of Love: Patterns, Proofs, and the Search for the Ultimate Equation* (New York: Simon & Schuster, 2015).

2　Simone Weil, letter to Father Perrin, collected in *Waiting for God*, trans. Emma Craufurd (London: Routledge & K. Paul, 1951), 64.

3 Francis Edward Su, "The Lesson of Grace in Teaching," in *The Best Writing on Mathematics 2014*, ed. Mircea Petici (Princeton: Princeton University Press, 2014), 188-97, also available at http://mathyawp.blogspot.com/2013/01/the-lesson-of-grace-in-teaching.html.

4 Simone Weil, "Reflections on the Right Use of School Studies with a View to the Love of God," in *Waiting for God*, trans. Emma Craufurd (London: Routledge & K. Paul, 1951), 115.

致谢

西蒙娜 · 韦伊的原话是 "L' attention est la forme la plus rare et la plus pure de la générosité", 详情参见: Weil and Joë Bousquet, *Correspondance* (Lausanne: Editions l' Age d' Homme, 1982), 18。

致　谢

　　首先我要感谢各位读者，能够在百忙之中抽出时间坐在书桌旁，同我写下的文字一起走过这段旅程。西蒙娜·韦伊曾经说过："慷慨有很多种形式，把自己的时间与精力分享出来，是其中最为宝贵、最为纯粹的一种。"虽然整个创作过程极为不易，但我觉得一切付出都是值得的，因为这一过程会迫使我去深入思考那些我真正关心的事情，并尽我所能地用最严谨的语言把它们表述出来。很感谢你能够在阅读的时候敞开心扉，让我得以借由文字走进你的世界，与你一同回顾自己的过往。希望在数学的道路上，我们永远都不会忘记初心，永远都不会丢掉作为一个人最基本的那些东西。

　　面对这样一本非传统的数学类图书，Joe Calamia 与耶鲁大学出版社给予了极大的信任，对此我要致以最真诚的感谢。与 Joe Calamia 一起工作令人身心舒畅，他不仅耐心周到，而且睿智过人，总能在文章的关键之处给出重要意见，让我得以更好地表达内心的想法。我要特别感谢编辑 Juliana Froggatt，在她的帮助下，原本枯燥生涩的文字瞬间鲜活亮丽了起来。我还要感谢 Margaret Otzel 以及出版社的各位朋友，他们出色地完成了图书的制作，最终的成品令人耳目一新，让人只看一眼就忍不住捧起来读一读。此外，我情不自禁地想要称赞一下我的朋友 Carl Olsen，在时间并不充裕的情况下，他为每章的开头绘制了可爱温馨的插图，帮助我实现了"写出一本带有人情味的数学书"这一目标。

我还要感谢美国数学协会允许我使用我担任会长期间所发表的内容，并把它们拓展成现在这本书。没错，本书有不少内容都改编自我以美国数学协会会长的身份所发表的一篇以"如何在数学之路上蓬勃发展"为主题的演讲。相关文章曾被《美国数学月刊》收录（2017 年第 124 卷，483-493 页），下面这个网页中也可以查到具体内容：https://mathyawp.wordpress.com/2017/01/08/mathematics-for-human-flourishing/。另外，《MAA 焦点》(*MAA FOCUS*) 的会长专栏也刊载过我的这篇文章。我很珍视在美国数学协会工作的那段时光，也很看重我和同事们在工作中建立起来的友谊。一方面，他们由衷地认可我在书中提到的这些观点；另一方面，为了改善当今的大学教育水平，他们持续不断地燃烧着自己的精力与心血，实在可敬可叹。

在本书的创作过程中，我遇到了很多热心人士，每当我遇到问题时，他们总是能够毫不吝啬地奉献出自己宝贵的时间。在这异常繁忙的一年当中（我不仅要认真写书，还要用心准备自己的婚礼），家人与朋友们给予了我莫大的支持，尤其是我的妹妹 Debbie。另外，正文中我提到过，我在职业生涯中曾一度陷入自我怀疑，当时有很多人为我加油打气，帮我重振精神，这些人分别是 Jennifer Wiseman、Soren Oberg、John Fuller、Rob DeWitte、Mark Taylor。我还要感谢我的朋友 Tom Soong、Zac Marshall、Phil Cha，这几年他们帮了我很多很多。另外，如果大学本科期间没有导师 Persi Diaconis 对我的大力支持，如果读博期间导师 Persi Diaconis 没有劝我不要急着放弃数学，那我今天绝对不可能成为一名职业数学家。谢谢你们。

哈维·穆德学院（Harvey Mudd College）的同事们都很乐于助人，跟他们共事真的非常愉快！在他们的帮助下，我离"成为一名优秀的数学教师"的目标又近了一步。在本书的初稿阶段，有很多人提出了切实有效的宝贵意见，令本书的逻辑变得格外清晰，行文变得格外流畅。这些人分别是：Yvonne Lai、Darryl Yong、Ben Braun、Elizabeth Kelley、Michael Barany、David Williamson、John Cook、Dave Henreckson、Kim Jongerius、Art Benjamin、Tori Noquez，以及一年级写作课程的老师与同学们。此外，Robin Wilson、Russ Howell、Pat Devlin、Ron Taylor、Josh Wilkerson，以及各位匿名审稿员认真负责地给出了自己的专业意见，令本书焕然一新。我还要感谢 Adriana Salerno、Judy Grabiner、Jon Jacobsen、Rachel Levy、Michael Orrison 等人的无私帮助，在和他们的交流过程中我学到了很多东西。在整理本书的主要内容来源，也就是美国数学协会那篇演讲稿件时，多亏 Matt DeLong 主动向我施以援手，否则我绝对不会这么顺利。最后我不得不为大家介绍一下我的挚友 David Vosburg，我们经常一起共进午餐，本书有很多想法都来源于午餐时的对话。多年以来，David Vosburg 总是能够在我陷入迷茫的时候给出明智的建议，谢谢你，我的朋友。

需要强调的是，书中观点若是有任何不妥之处，责任全在我自己，与他人无关。

和克里斯的相识，实在是我这辈子最幸运的事之一。他总是能够在那些我自认为已经了如指掌的事情上给我带来新的认知与见解，能够和这样的人成为朋友我感到十分荣幸。我很感谢他能够仔仔细细地通读本书的初稿，并真诚地同我讨论他的看法与意见。世界上还有许许多多和克里斯境况相似的人，我们的社会本应为他们打开新世界的大门，为他们开辟一条自我救赎的道路，可事实上我们离这一目标还差得很远，我们还有很多亟待改进的地方，我们必须彻底消灭过度惩罚、随意监禁等乱象。我希望大家在读完这本书以后，能够多关注一下这些现象，多关心一下这些群体。

我的爱妻 Natalie 不仅是我前进的动力，也是我灵感的来源，同时还是我创作途中的良师益友。她不仅帮助我成为一个更合格的作家，更是帮助我成为一个更完整的人。我希望所有人都能看到她那颗善良的心，看到她对那些被社会所遗忘的群体抱有的最真切的关怀。尽管我们今年刚刚结婚，她还是愿意暂时放下甜蜜的新婚生活，转而把本书的创作视为头等要务，帮助我一步一步地推进。爱、友谊、陪伴这些美德，在她身上得到了最完美的展现。我很庆幸自己身边能有一群信仰坚定的人。最后，作为一个虔诚的信徒，我还要感谢伟大的耶稣，是他捍卫了全人类的尊严，也是他赐予我这样一个机会，让我得以亲眼见证人类的繁荣与进步。

弗朗西斯·苏

2019 年 1 月

推特账号：@mathyawp

个人网站：francissu.com